我的第一套课外故事书

我的 

化学故事书

聂运生　编著

上海科学普及出版社

图书在版编目（CIP）数据

我的第一本化学故事书/聂运生编著．— 上海：上海科学普及出版社，2016.11

（我的第一套课外故事书）

ISBN 978-7-5427-6754-7

Ⅰ．①我… Ⅱ．①聂… Ⅲ．①化学—青少年读物 Ⅳ．① 06-49

中国版本图书馆 CIP 数据核字 (2016) 第 152377 号

责任编辑　刘湘雯

我的第一套课外故事书

我的第一本化学故事书

聂运生 编著

上海科学普及出版社出版发行

（上海中山北路 832 号 邮编 200070）

http://www.pspsh.com

各地新华书店经销　三河市同力彩印有限公司

开本 787×1092　1/16　印张 8　字数 160 000

2016 年 11 月第 1 版 2016 年 11 月第 1 次印刷

ISBN 978-7-5427-6754-7　　定价：25.80 元

前言

　　本书精选了 50 多个精彩的小故事，这里有令人着迷的元素，如《女神开门了——钒的发现》《令人烦恼的钽元素》等；有丰富多彩的发明创造，如《雨衣的发明》等；有神奇的现象与实验，如《会游泳的鸡蛋》等；有化学家的奇闻轶事，如《与"死亡元素"打交道的人》《从纨绔子弟到杰出化学家——维克多·格林尼亚》等。书中还穿插了必要的知识点介绍以及相关的资料链接，有助于青少年朋友解开谜团，开阔视野，拓宽思维，打开智慧之门。

　　本书以休闲的笔调、有趣的故事、实用的内容，取代课本的生硬刻板，让青少年朋友们在轻松愉悦的阅读中，畅游于化学知识的海洋。我们衷心希望每一位青少年朋友能够好好品读，细细领悟，让涓涓细流汇集成浩瀚的海洋，为自己以后的学习打下坚实的基础。

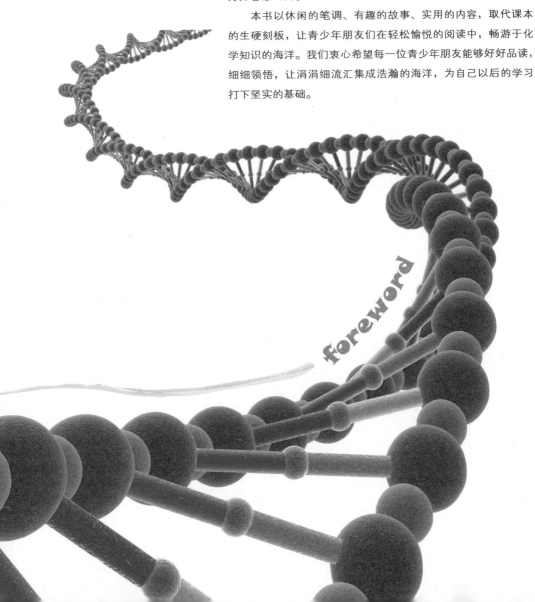

目 录

contents

"化学"一词的由来

关键词：化学／名称／《格物探原》／由来

● 做实验的孩子们。

　　化学是深入到物质内部原子和分子水平上研究元素、化合物和材料等物质的组成、制备、性质、结构、应用、互相作用和变化规律的科学。化学反应和化学知识关系到人们的衣食住行和日常生活的各个方面。

　　那么，"化学"一词何时出现？又是谁首先使用的呢？

　　从人类文明发展的历史可知，人类从用火开始，就知道自然界中出现的各种变化：将柴草燃烧，烈火熊熊，烟气腾腾，柴草化为灰烬；将黏土拌水，做成陶瓷坯件，经火烧制，变化成为可以盛水的器皿；将矿石冶炼，化石成金，最终会得到和矿石性质完全不同的金属。人们在生产和生活的实践中已了解到物质能互相作用、发生变化这一现象。"变"就是变化和改变之意；"化"是造化，即自然界运动变化、造成万物。

中国五代时（公元 10 世纪），道士谭峭著有《化书》一书，但书中并无"化学"一词。那么，"化学"一词究竟是什么时候出现的呢？

据史学家考证，中文"化学"一词，于 1856 年见于书刊。韦廉臣编写的《格物探原》一书首先使用了"化学"一词，该书还介绍了西方近代科学中的一些化学知识。另外，1857 年在上海出版的刊物《六合丛谈》创刊词由英国人伟烈亚力撰写，文中写道："今予著《六合丛谈》一书，亦欲通中外之情，载远近之事，尽古今之变，见闻所逮，命笔志之，月各一篇。"又说："比来西人之学此者，精益求精，超前轶古，启明哲未言之奥，辟造化未泄之奇。予今略举其纲：一为化学，言物各有质，自有变化，精诚之上，条分缕析，知有六十四元，此物未成之质也。"两个外国人之所以能写出这样的汉语文章，是由于当时同中国学者李善兰等共事，他们在讨论为这门科学取名时，必是想到了中国文化所积累的对事物变化的认识。"化"在汉语中意为变化、转化和造化，因此把英文"chemistry"按含义译为"化学"，既古雅又恰当。

"化学"此词一出，很快为知识界采用。例如，1862 年，京师同文馆就曾教授近代天文学、数学和化学等科。1867 年，江南机器制造总局附设译学馆，翻译格致、化学和制造等方面的书籍。

● 我们生活中所用的洗涤剂都是化学制品。

化学的原始形式——炼丹术和炼金术

关键词：炼丹／炼金／术士／水银／硫化汞

在错综复杂的生活环境中，人们对自然界的认识经历了一个漫长的过程。从一开始人类就想知道这些物质是从哪里来的，后来又研究这些物质的组成，猜测这些物质是不是由一种或几种基本的物质组成。于是，在我国古代便产生了"五行说"，认为组成物质的基本材料是水、火、木、金、土。在古希腊则流传着一种"把世界万物的本原归结为四种基本原始物性"的说法，这四种原始物性是冷、热、干、湿。这四种物性如果两两结合，就形成了四种元素：土、水、气、火。四种元素再按不同的比例结合，就成为各种各样的物质。在古印度，有些哲学家认为世界上万物都是由地、水、火、风（气）和以太（以太是一种设想出来的物质）构成的。在古埃及则把空气、水和土看成是世界的主要组成元素。在古希腊也有人将世界万物的本源归结为一种物，一切都由它衍生出来的。古代的这些物质观、元素论对化学的发展产生了极为深远的影响。

● 油画中的欧洲炼金术士们都离不开化学。

大约从公元前3世纪到公元16世纪，中外各国先后都兴起过金丹术，它们是近代化学的前身，也是化学的原始形式。炼金术士们想用廉价的金属为原料，经过化学处理，得到贵重的金属金和银，炼丹术士则想生产一种能使人长生不老的仙丹。

炼丹术在我国最早可追溯到秦始皇统一六国后，秦始皇先后派人去海上向仙人求取不死之药，以求长生不老。

到了汉武帝时，宫廷中就召集了许多炼丹术士从事炼丹，那时的炼丹术士们认为水银和硫磺是极不平凡的，是具有灵气的物质。水银是一种金属，却是液体状态，而且能溶解各种金属。另外，水银从容器中溅出，总是呈球状，水银容易挥发，见火飞去，跑得无影无踪，更增加了它的神秘性。但炼丹术士们发现用硫磺能制服水银，因为水银可与硫磺作用生成硫化汞，硫化汞稳定而不易挥发。这样一来，炼丹术士们又编造出一种所谓"水银为雌性，硫磺为雄性"的理论，宣称雌雄交合可得灵丹妙药。因此，硫化汞也就成了炼丹术中一种不可缺少的药剂。硫化汞在那时被称为丹砂，这个名字一直使用到今天。

炼金术的初始阶段和占星术紧密联系，炼金术士们认为太阳滋育万物，在大地中生长黄金，黄金就是太阳的形象或化身；银是月亮的化身；铜是金星的化身；水银是水星的

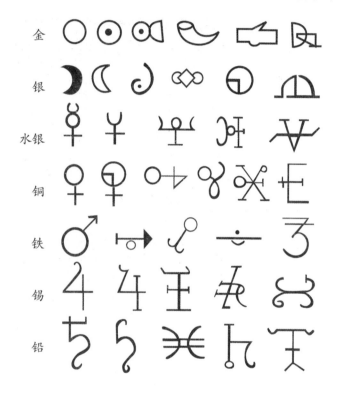

金
银
水银
铜
铁
锡
铅

● 炼金术士们曾使用的各种金属元素的符号。

化身；铁是火星的化身；锡是木星的化身；土星是5个行星中最远最冷的一颗，所以它的化身是最阴暗的铅。炼金术士们相信：物质的本质并不重要，重要的是它的特性。正像人一样，他们的肉体是由相同的材料构成，人的好与坏、善与恶不是由肉体决定的，而是由他们的灵魂决定的。因此，改变金属的特性，就是改变了金属。炼金术士们同样认为，万物都有生命，都有灵魂，并且力求提高自己，而且认为灵魂可以转世和移植，这样金属这种机体力求朝着理想灵魂的方向——不怕火炼的黄金来提高自己。炼金术士把金属铜、锡、

铅、铁熔合成一种黑色金属，他们认为这样一来，这4种金属都失去了自己的个性和原来的灵魂，再经一系列的后续处理，就可得到黄色的金子。

炼丹术和炼金术为什么没有走向成功呢？这是因为炼丹术和炼金术士们的指导思想是追求长生不老和物质享受，而不是探索科学真理，这使得他们不可能成为化学家，也使得他们对在炼丹和炼金过程中出现的许多导致新发现的化学反应，因为与长生无关而置之不理。其次，他们之间相互严守秘密，甚少交流，以致千百年来重复操作，殊少进步。再加上实验用具简陋，操作者缺少数学素养，不能对一些反应结果进行定量分析，使得古代的炼丹术和炼金术未能突破神秘的外衣而发展成为一门系统的科学。

现代"炼丹术"的成果。

炼丹术和炼金术虽然没能发展成为一门科学，但在客观上促进了冶金、地质、矿物、医学等学科的发展。例如，炼丹导致了许多新的发明和发现，如火药、烧酒等的出现，都和道家的炼丹活动有关；为研究药用的人造金银而进行的冶金研究，对我国古代冶金学的发展贡献较大；药用植物的研究，促进了古代医药学的发展；炼丹家们在实验中所留下的记录，为后人研究古代化学史提供了宝贵的资料。

由于炼丹、炼金都以追求长生不老和点石成金为目的，因此在实践中屡遭失败，并且日益走向衰落。炼金术虽然和神秘的宗教相联系，但是在炼金的过程中，进行了大量实验、研究，使人类了解到一些无机物的分离和提纯手段，摸清了许多物质的性质，从而大大地丰富了化学知识，为近代化学的建立和发展奠定了基础。

玻尔巧藏诺贝尔金质奖章

关键词：玻尔／王水／战争

　　第二次世界大战中，德国法西斯占领了丹麦，下达了逮捕著名科学家、诺贝尔物理学奖获得者玻尔的命令。玻尔准备逃往国外，但是，令他犹豫不定的是他的金质奖章，带走怕路上丢失，留下又怕落入纳粹分子手中。最后，他决定将诺贝尔金质奖章溶解在一种溶液里，装于玻璃瓶中，然后将它放在柜面上。这是一个多么聪明的办法啊！

　　后来，纳粹分子闯进玻尔的住宅，翻箱倒柜地找呀找，就是没找到那枚奖章。他们怎么也没想到那瓶溶有奖章的溶液就在他们的眼皮底下。战争结束后，玻尔又从溶液中还原提取出金，并重新铸成奖章。新铸成的奖章显得更加灿烂夺目，因为它凝聚着玻尔对祖国无限的热爱和玻尔无穷的智慧。

● 实验室中配制
　出的王水。

相关
链接

尼尔斯·亨利克·戴维·玻尔（1885—1962），丹麦物理学家。他通过引入量子化条件，建立了玻尔模型来解释氢原子光谱，并用互补原理和哥本哈根诠释来解释量子力学，对 20 世纪物理学的发展有着深远的影响，获得过 1922 年诺贝尔物理学奖。

● 丹麦物理学家尼尔斯·玻尔。

那么，玻尔是用什么溶液使金质奖章溶解的呢？原来他用的溶液叫王水。王水是用浓硝酸和浓盐酸按 1：3 的体积比配制成的混合溶液，具有比浓硝酸和浓盐酸更为强烈的腐蚀作用，是少数能够溶解金和铂的物质之一，这也是它名字的由来。由于王水中含有硝酸、氯气和氯化亚硝酰等一系列强氧化剂，同时还有高浓度的氯离子，因此，王水的氧化能力比硝酸强，不溶于硝酸的金却可以溶解在王水中。

● 诺贝尔奖章（摄影：Jonathunder）。

日积月累

王水是由 1 体积浓硝酸和 3 体积浓盐酸混合而成的溶液，氧化能力极强，被称为"酸中之王"。一些不溶于硝酸的金属都可以被王水溶解。因为在王水中存在如下反应：$HNO_3+3HCl=2H_2O+Cl_2+NOCl$，因而在王水中含有硝酸、氯分子和氯化亚硝酰等一系列强氧化剂，同时还有高浓度的氯离子，具有比浓硝酸更强的氧化能力，可使金和铂等惰性金属失去电子而被氧化。所以，金和铂等惰性金属不溶于浓硝酸，而能溶解于王水。

"狼不吃羊" 的奥秘

关键词：狼／氯化锂／毒性

● 氯化锂晶体。

日积月累

20世纪40年代，人们曾经将氯化锂用做食盐的替代品，但随后发现锂盐作用于中枢神经系统，对机体有毒害作用，因此停止了应用。

狼吃羊，似乎从来就是天经地义的事，狼要吃羊，只要看到了，只要肚子饿了，想吃就吃！因此中国民间故事及古希腊神话、伊索寓言中有不少狼吃小羊的故事。如果有人告诉你，有一种不吃羊的狼，你一定觉得不可思议吧！

但是，世界之大，无奇不有。动物学家在美洲大陆上驯养出了一种北美狼，它不吃羊羔，即使把小羊羔放在它的嘴巴底下，它也会远远地回避。这是怎么一回事呢？

原来，科学家给北美狼开了一张羊肉加氯化锂的处方，就是在羊肉中掺进了一种叫氯化锂的化学药品。北美狼吃了这种含有氯化锂的羊肉，在短时期内会出现消化不良及肚子胀痛等症状。开始时，它们会明显地不喜欢这些肉的味道，到后来如果在肉食方面有其他选择的可能，它们就不吃含有氯化锂的羊肉。这样经过多次驯化，它们就不再掠食羊羔了。

有趣的是，母狼吃什么样的食物，它的乳汁就会有什么样的味道。母狼不吃羊羔的特性，会很快地传给它的幼崽，并且母狼不给它的幼崽吃自己回避的食物——羊羔，那么幼狼也绝不会去尝试吃这些羊羔。

于是，"狼要吃羊"的千古定律就这样被打破了，像动画片《喜羊羊与灰太狼》里那样：灰太狼与羊村的羊儿们成为朋友也不是不可能的了。

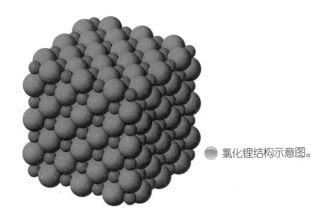

◉ 氯化锂结构示意图。

相关链接

接触氯化锂后的急救措施

皮肤接触：立即脱去污染的衣着，用大量流动清水冲洗。就医。

眼睛接触：提起眼睑，用流动清水或生理盐水冲洗。就医。

吸入：迅速离开现场至空气新鲜处。保持呼吸道通畅。如呼吸困难，则需输氧处理。如呼吸停止，立即进行人工呼吸。就医。

食入：饮足量温水，催吐。就医。

母狼吃了氯化锂后的反应其实是一种中毒反应，氯化锂进入人体后，也同样会引起不适。

氯化锂中毒主要是由于误服，病人会出现无力、眩晕、恶心、呕吐、腹泻、抽搐、昏迷等症状。氯化锂可经呼吸道被吸收引起中毒。一旦误食，可饮足量温水并催吐。若食入过多，就要即刻就医。

另外，由于氯化锂具有腐蚀性、强烈的刺激性，因此可致人体灼伤。当受到它的侵害时，一定要注意采取适当的急救措施。

而且，氯化锂遇水后可产生多种水合物，并会产生氯化氢，因此，若处理不当还会产生水体污染。

那么，氯化锂到底是一种什么物质呢？

氯化锂是一种无机化合物，为无色立方晶体，具有潮解性，易溶于水、乙醇、乙醚、丙酮、吡啶等有机溶剂，味咸。氯化锂属低毒类，对眼睛和黏膜具有强烈的刺激和腐蚀作用。氯化锂主要用作空气调节领域中的除潮剂，电解制取金属时的助熔剂（如钛和铝的生产）、化学试剂，并用于制作焰火、干电池和金属锂等。

鬼火是怎么回事

关键词：聊斋志异/鬼火/白磷/磷化氢

● 《聊斋志异》的作者——蒲松龄。

我国清代文学家蒲松龄所写的短篇小说集《聊斋志异》里常常谈到鬼火：酷热的盛夏之夜，某生因为和朋友聚会或别的什么原因，很晚才回家。在回家的路上，经过一片坟地，突然发现有忽隐忽现的蓝色星火之光，一闪一闪，十分诡异。某生吓得毛骨悚然，赶紧逃跑。谁知，那火还会跟着人，你跑它也跑，你停它也停。某生好不容易摆脱这"鬼火"，狂奔回家中，从此，一病不起。然后，狐仙姐姐就该登场了。

其实，世界各地都有关于鬼火的传说，例如在爱尔兰，鬼火就衍生为后来的万圣节南瓜灯，安徒生的童话中也有以鬼火为主题的故事，如《鬼火进城了》。以前，人们不知道鬼火的成因，只知道这种火焰多出现在有死人的地方，而且忽隐忽现，因此称这种神秘的火焰为鬼火，认为它是不祥之兆，是鬼魂作祟的现象。旧社会里迷信的人，还把鬼火添枝加叶地说成是什么阎罗王出巡时的鬼灯笼。

那么鬼火究竟是怎么回事呢？

好吧，让我们走进化学实验室，看看鬼火到底是什么。先在烧瓶里加入白磷与浓的氢氧化钾溶液。加热后，玻璃管口就冒出气泡，实验室里弥漫着一股臭鱼味。这时，你迅速地把窗户用黑布遮上，就会看到一幅与田野上一样的画面：从玻璃管口冒出一个又一个浅蓝色的亮圈，在空中游荡，宛如鬼火。

原来，这是一场化学反应的结果。白磷与浓的氢氧化钾作用，生成了带有臭鱼味的气体磷化氢，化学式如下：

$$P_4 + 3KOH（浓）+ 3H_2O \rightarrow PH_3 \uparrow + 3KH_2PO_2$$

磷化氢在空气中能自燃放火，就形成了鬼火。

人体内部除绝大部分是由碳、氢、氧 3 种元素组成外，还含有其他一些元素，如磷、硫、铁等。人体的骨骼里含有较多的磷化钙，人死后，躯体埋在地下，就会发生各种化学反应。磷由磷酸根状态转化为磷化氢。磷化氢是一种气体，燃点很低，在常温下与空气接触便会燃烧，化学式如下：

$$Ca_3P_2 + 6H_2O \rightarrow 2PH_3 \uparrow + 3Ca（OH）_2,$$
$$PH_3 + 2O_2 \rightarrow H_3PO_4$$

磷化氢产生之后沿着地下的裂痕或孔洞冒出到空气中燃烧发出蓝色的光，这就是磷火，也就是人们所说的鬼火。

鬼火为什么多见于盛夏之夜呢？这是因为盛夏天气炎热，温度很高，化学反应速度加快，磷化氢易于形成。加上由于气温高，磷化氢也易于自燃。

那为什么鬼火还会追着人走动呢？大家知道，在夜间，特别是没有风的时候，空气一般是静止不动的。由于磷火很轻，如果有风或人经过时会带动空气流动，磷火也就会跟着空气一起飘动，甚至伴随人的步子，你慢它也慢，你快它也快；当你停下来时，由于没有任何力量来带动空气，所以空气也就停止流动了，鬼火自然也就停下来了。这种现象绝不是什么鬼火追人。

因此，人死了，人的一切活动也都停止了，不存在什么脱离身躯的灵魂，也就更加不存在什么鬼火了。

日积月累

磷化氢是磷的氢化物，可与空气形成爆炸性混合物并可以自燃。磷化氢燃烧时，会产生白色烟雾，吸入后会严重刺激呼吸道。

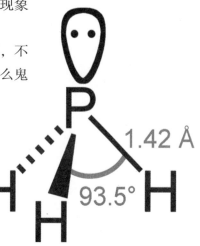

磷化氢分子结构示意图。

烟花为什么如此绚丽

关键词：节庆／烟花／火药／金属离子

绚丽的烟花让城市的夜空格外美丽。

北京奥运会、多哈亚运会、都灵冬奥会、伦敦奥运会等国际重大赛事的开幕式，必有一个重要环节——烟花表演。那一朵朵璀璨绽放的烟花，一次次让全世界炫目。更不用说每到过年时，城市乡村、大街小巷，将节日的夜空装点得热闹非凡的，更少不了烟花的功劳。

烟花为什么能在空中爆燃？为什么会绽放出五彩缤纷的火花？

其实，烟花的化学原理和爆竹大同小异，其都包含黑火药和药引。烟花燃放后，产生化学反应引发爆炸，而爆炸过程中所释放出来的能量，绝大部分转化成光能呈现在我们眼中。制作烟花的过程中加入一些发光剂和发色剂能够使烟花显现出五彩缤纷的颜色。

发光原理为金属镁或金属铝的粉末氧化。当这些金属燃烧时，会发出强光及热能。发色剂是一些金属化合物。金属化合物含有金属离子，当这些金属离子被燃烧时，会显现出独特的火焰颜色。不同种类的金属化合物在燃烧时，会显现出不同颜色的光芒，如：氯化钠和硫酸钠都属于钠的化合物，它们在燃烧时便会显现出金黄色的火焰。同理，硝酸钙和碳酸钙在燃烧时会呈现出砖红色火焰。烟花便是利用金属的这种特性制成的。制作烟花的人经过巧妙的排列，决定燃烧的先后次序。这样，烟花引燃后，便能在漆黑的天空中绽放出鲜艳夺目、五彩缤纷的图案了。

相关链接

　　焰色反应是高中化学的重要知识点之一，经常在推断题中以条件出现，最低要求是记住钠黄钾紫。下面的一段口诀可以帮助你记忆其他焰色：

　　那里有个化学家，带着紫红色的礼（锂）帽（锂离子焰色反应为紫红色），腰扎苹果绿色的钡带，坐在含钙的红砖上，正用他那把绿色铜剪刀，修理他那蜡（钠）黄蜡黄的浅指（紫）甲（钾），还不时鼓起他那洋红色的腮（锶）帮子。

常见金属离子及火焰颜色对照表

金属离子	火焰颜色
钾（K^+）	紫色
钠（Na^+）	金黄色
钙（Ca^{2+}）	砖红色
镁（Mg^{2+}）	白色
铝（Al^{3+}）	白色
铜（Cu^{2+}）	蓝绿色
钡（Ba^{2+}）	苹果绿色
铁（Fe^{3+}）	金黄色
锶（Sr^{2+}）	血红色
铅（Pb^{4+}）	蓝色

　迪士尼乐园的"地球印象"烟花秀。

骗子的"点金术"

关键词：吝啬／道士／点银成金／汞

● 很多时候，骗子们也是仪表堂堂的，而被骗的常常是老人和文化程度较低的人群，贪心和缺乏科学常识是他们的通病。

财迷、吝啬鬼，无论在哪个国家、在哪个年代，都不乏其人，这是人类贪婪本性的体现，也是骗子们赖以生存的最大依托。

在这儿，我们就来讲一个骗子"点银成金"的故事，看看骗子们是多么"高明"，被骗的人是多么贪婪而且愚蠢。最重要的是，很多时候，缺乏基本的科学知识，甚至常识，才是人们被骗的主要原因。

故事是这样的……

明代有个贪财的王财主，家财万贯。一天，他听说有个李道士有很神奇的法术，能点银成金。他想：这也太神奇了，我一定要把这个道士请到家里来，把我家所有的银子变成金子，这样我的财富就更多了。

于是他经过多方寻访，终于花重金把这位道士请到了家里。

寒暄之后，王财主迫不及待地想要看看李道士的法术是不是真的。

李道士叫王财主派人端来一盆烧得正旺的炭火，他把一块银子放到燃烧的炭火中。他说，不用3个时辰，这块银子就会变成金子。于是大家耐心等了3个时辰，李道士扒开灰烬，果然从中取出了一块黄澄澄的金子。王财主惊呆了。

李道士说他在郊外有个道观，有个专门的炼金炉，他可以收些工钱，为有缘人点银成金。被发财的欲望冲昏了头脑的王财主一听可以点银成

金，于是便把自己家所有的银子都交给了李道士。

可是，第二天当他去道观取金子的时候，发现李道士已卷着他的银子逃跑了。王财主失去了所有的家财，这可真跟割了他脖子一样，他一气之下，大概是高血压发作了，不到一天就死了。

银子在炭火中究竟是如何变成黄澄澄的金子呢？其实，这是李道士利用汞来玩的把戏。汞是常温下唯一呈液态的金属，很容易与几乎所有的普通金属形成合金，包括金和银，但不包括铁（因此可以用钢罐来做盛水银的容器）。李道士便是利用汞溶解银形成的金汞齐来冒充黄金的。他在银子上悄悄地浇注了汞，汞在炭盆中受热蒸发后，留下来的便是黄澄澄的金子了。

日积月累

汞是一种化学元素，俗称水银，化学符号为 Hg，原子序数为 80，是种密度大、银白色、常温下为液态的过渡金属。

纯汞有毒，其化合物和盐的毒性多数非常高，口服、吸入或接触后可以导致脑和肝损伤。汞可以在生物体内积累，很容易被皮肤以及呼吸道和消化道吸收，形成汞中毒。长时间暴露在高汞环境中会导致脑损伤和死亡，因此在操作汞时要特别小心。盛汞的容器要特别防止它溢出或蒸发，加热汞一定要在一个通风和过滤良好的罩下进行。

汞最常见的应用是造工业用化学药物以及用在电子或电器产品中。汞还用于温度计，尤其是测量高温的温度计。气态汞仍用于制造日光灯，而很多的其他应用都因影响健康和安全的问题而被逐渐淘汰。

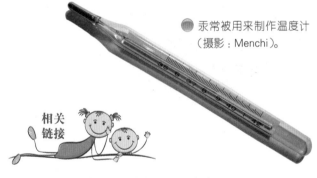

汞常被用来制作温度计（摄影：Menchi）。

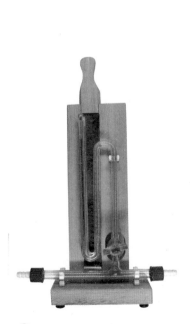

水银压力计。（摄影：Hannes Grobe）。

相关链接

中国人和印度人很早就认识了汞，但由于对汞的性质不了解，曾有些很危险的应用，比如中国古代妇女曾经采用口服少量汞的方式进行避孕；古代的道士炼取含汞的仙丹服用。

在公元前 500 年左右人们就会用汞和其他金属一起来生产汞齐。古希腊人将它用在墨水里，古罗马人将它加入化妆品。古建筑上的鎏金玻璃瓦和古寺庙中的金身菩萨，大多都是利用金汞齐镀的。银、锡和水银组成的银锡汞齐能很快变硬，古代人们还用它来补牙。

门捷列夫的"扑克牌"

关键词：门捷列夫／扑克牌／元素周期表

攀登科学高峰的路，是一条艰苦而又曲折的路。在理论化学里应该指出自然界到底有多少元素？元素之间有什么异同又存在什么内部联系？新的元素应该怎样去发现？多年来，各国的化学家们为了打开这扇神秘的大门，进行了坚持不懈的努力。虽然有些化学家如德贝莱纳和纽兰兹在一定深度和不同角度上客观地阐述了元素间的某些联系，但由于他们没有把所有元素作为整体来概括，所以没有找到元素的正确分类原则。

年轻的学者门捷列夫也毫无畏惧地冲进了这个领域，开始了艰难的探索工作。

当时，人们已发现了 63 种元素，门捷列夫制作了一副特殊的"扑克牌"，他用厚纸做了许多小卡片，上面写出元素名称、符号、原子量、化学反应式及其主要性质。不论走到哪儿，门捷列夫都随身携带着这副"扑克牌"，

俄国著名画家列宾绘制的门捷列夫像。

有空的时候就拿出来"玩"。门捷列夫的家人看到一向珍惜时间的他突然热衷于纸牌，感到很奇怪。但门捷列夫总是旁若无人，每天手拿元素卡片像玩普通纸牌那样，收起、摆开，再收起、再摆开，皱着眉头玩"牌"……

冬去春来，门捷列夫仍然没有从杂乱无章的元素卡片中找到任何内在的规律。有一天，他又坐到桌前摆弄起"纸牌"来了。摆着摆着，门捷列夫像触电似的站了起来，因为在他面前出现了完全没有料到的现象：每一行元素的性质都是按照原子量的增大而从上到下地逐渐变化着。

相关
链接

　　门捷列夫（1834—1907），19世纪俄国科学家，发现了化学元素的周期性，依照原子量，制作出世界上第一张元素周期表，并据此预见了一些尚未发现的元素。由于时代的局限性，门捷列夫的元素周期律并不是完整无缺的。1894年，稀有气体氩的发现，对周期律是一次考验和补充。1913年，英国物理学家莫塞莱经研究指出，周期律的基础不是原子量而是原子序数。在周期律指导下产生了原子结构学说，赋予元素周期律以新的说明，阐明了周期律的本质。元素周期律经过后人的不断完善和发展，发挥着越来越大的作用。

ОПЫТЪ СИСТЕМЫ ЭЛЕМЕНТОВЪ.

ОСНОВАННОЙ НА ИХЪ АТОМНОМЪ ВѢСѢ И ХИМИЧЕСКОМЪ СХОДСТВѢ.

		Ti = 50	Zr = 90	? = 180.
		V = 51	Nb = 94	Ta = 182.
		Cr = 52	Mo = 96	W = 186.
		Mn = 55	Rh = 104,4	Pt = 197,4
		Fe = 56	Ru = 104,4	Ir = 198.
		Ni=Co = 59	Pl = 106,6	O = 199.
H = 1		Cu = 63,4	Ag = 108	Hg = 200.
	Be = 9,4	Mg = 24	Zn = 65,2	Cd = 112
B = 11	Al = 27,4	? = 68	Ur = 116	Au = 197?
C = 12	Si = 28	? = 70	Sn = 118
N = 14	P = 31	As = 75	Sb = 122	Bi = 210?
O = 16	S = 32	Se = 79,4	Te = 128?
F = 19	Cl = 35,4	Br = 80	I = 127
Li = 7	Na = 23	K = 39	Rb = 85,4	Cs = 133	Tl = 204.
		Ca = 40	Sr = 87,4	Ba = 137	Pb = 207.
		? = 45	Ce = 92
		?Er = 56	La = 94
		?Yt = 60	Di = 95
		?In = 75,6	Th = 118?

Д. Менделѣевъ

门捷列夫 1869 年列出的周期表。表中周期为列，族为行。

门捷列夫激动得双手不断地颤抖。"这就是说，元素的性质随着原子量的递增呈周期性的变化。"门捷列夫兴奋地在室内踱着步子，然后，他迅速地抓起记事簿，在上面写道："根据元素原子量及其化学性质的近似性试排元素表。"

据记载，这一天是 1869 年 2 月 19 日，门捷列夫终于发现了元素周期律。他根据元素周期律编制了第一张元素周期表，把已经发现的 63 种元素全部列入表里，从而初步完成了使元素系统化的任务。他还在表中留下空位，预言了类似硼、铝、硅等未知元素的性质，并指出当时测定的某些元素原子量的数值有错误。而他在周期表中也没有机械地完全按照原子量数值的顺序排列。若干年后，他的预言都得到了证实。

门捷列夫探索的成功，引起了科学界的轰动。人们为了纪念他的功绩，就把元素周期律和周期表称为"门捷列夫元素周期律"和"门捷列夫元素周期表"。

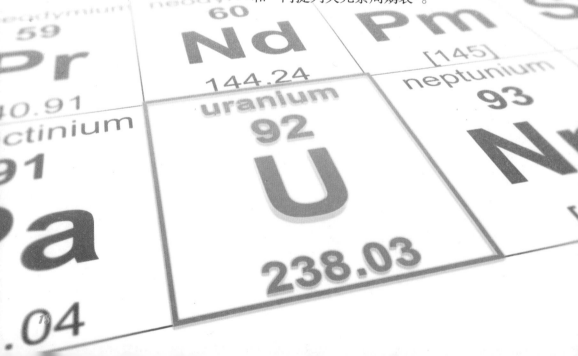

"痛痛病" 与镉中毒

关键词：痛痛病／日本／镉中毒／污染

"痛痛病"又叫骨痛病，是20世纪60年代发生在日本的由公害引起的一种疾病。

在日本中部富山平原上，有一条美丽的河流叫神通川。神通川河水清澈，风景秀丽，两岸人民世世代代生活在这里，引神通川河水灌溉农田。这里是日本产稻区之一，谁都没想到灾难偏偏降临到生活在这里的人们身上。

1952年，人们发现神通川里的鱼大量死亡，两岸稻田出现一片片死秧。人们当时并没有意识到这就是灾难的前兆。

1955年，在神通川沿岸的一些地区出现了一种怪病，开始时人们只是在劳动之后感到腰、背、膝等关节处疼痛，休息或洗澡后可以好转。可是如此几年之后疼痛遍及全身，就是大喘气时都感到疼痛难忍，人们的正常活动受到限制。人们的骨骼软化，身体萎缩，骨骼出现严重畸形，厉害时，一些轻微的活动或咳嗽都可能造成骨折。最后，病人饭不能吃、水不能喝，卧床不起，呼吸困难，病态十分凄惨，终于在极度疼痛中死去。

这种怪病的发生和蔓延，引起人们的极度恐慌，但是谁也不知道这是什么病，只能根据病人不断地呼喊"痛啊，痛啊！"而称其为"痛痛病"。

传说有一个年轻姑娘在工厂里做工，后来不知是什么原因自杀了。厂里以为是一般原因的自杀而将其草草地埋葬了。后来警方对此产生了怀疑，于是一年后开棺验尸，发现这个姑娘原来是一例"痛

相关链接

镉是性质柔软的蓝白色有毒过渡金属，化学符号为Cd，原子序数为48。镉能在锌矿中找到。镉和锌均可用做电池材料。镉可制作镍镉电池，用于塑胶制造和金属电镀，生产颜料、油漆、染料，印刷油墨等中的某些黄色颜料，制作车胎、某些发光电子组件和原子反应堆的（中子吸收）控制棒。镉对健康有不良的影响，被列为可致癌物。

结晶镉。

可由电解氯化镉水溶液制取镉金属。

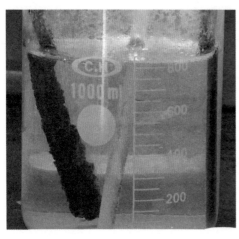

痛病"患者，在姑娘身上有多处骨折，甚至连胸骨也折断了。原来，姑娘是因不堪"痛痛病"的折磨而自杀的。

在神通川两岸，多年来已发现280多例病人，其中34例已经死亡，活着的病人依然在痛苦之中挣扎。

那么，引起这种病的原因是什么呢？后来经过调查才真相大白！

原来在日本明治初期，三井金属矿业公司在神通川上游发现了一个铅锌矿，于是在那里建了一个铅锌矿厂。铅锌矿石中还含有镉金属，镉进入人体后，主要蓄积于肾脏，对肾脏造成损害，抑制维生素 D 的活性。维生素 D 是人体不可缺少的营养素，缺乏维生素 D 会妨碍钙、磷在人体骨质中的正常沉积和储存，最后导致骨软化。这个工厂在洗矿石时，将大量含有镉的废水直接排入神通川，使河水遭到严重的污染。河两岸的稻田用这种被污染的河水灌溉，有毒的镉经过生物的富集作用，使生产出的稻米含镉量很高。人们长年吃这种被镉污染的大米，喝被镉污染的神通川水，久而久之，就造成了慢性镉中毒。"痛痛病"实际就是典型的慢性镉中毒。

"痛痛病"不仅在日本发生过，在其他国家也有发现，如我国广西某些地区，也曾有人患有"痛痛病"。"痛痛病"至今尚无有效的治疗方法，而且体内积蓄的镉也没有安全有效的排出方法。因此，消除镉对环境的污染就显得特别重要，这是防止"痛痛病"发生的根本措施！

"痛痛病"是因镉对人类生活环境的污染而引起的，影响面很广，受害者众多，所以被公认为是"公害病"。

神秘的"鬼剃头"

关键词：出嫁／鬼剃头／铊离子／脱发

在一个寂静的黎明，贵州铜仁市附近的某个小村里，一个母亲刚刚从睡梦中醒来，突然被即将出嫁的女儿一声惊恐的叫声惊起。母亲急忙跑进屋一看，女儿惊恐地注视着地上一堆黑色的东西，正在号啕大哭。母亲过去细看，发现这堆东西竟是女儿乌黑的头发，原本长发飘飘、美丽可爱的女儿一夜之间竟成了秃头。母亲惊恐万状。

那个美丽姑娘的正常生活被这突如其来的异常现象给打乱了，婚礼也无法如期举行了。

可是，头发为什么会突然大面积脱落呢？

消息传出去之后村民开始议论纷纷，一位上了年纪的老人说，这就是传说中的"鬼剃头"，也就是人在走路的时候，不小心遇到了游荡的孤魂野鬼，冲撞了他们，或者是表现出了不敬的态度，于是这些顽皮的小鬼会在夜间把你的头发剪掉，让你颜面扫地，从而记住这个教训。

然而，接下来几个月的时间里，村庄里接二连三地竟然又有80多人出现了类似的情况。一时间，家家闭户，人心惶惶。

村民们的头发当然不是鬼剃掉的。那么造成他们头发全部脱落的原因究竟是什么呢？

科研人员对该村周围的环境、空气、水质、土壤进行了综合分析，发现该村饮用的水源中含有大量的铊离子，其浓度大大超过了允许的范围。

$$\begin{array}{|c|}
\hline
81 \quad \text{Tl} \\
铊 \\
6s^2 6p^1 \\
204.4 \\
\hline
\end{array}$$

● 元素周期表中的铊元素。

日积月累

铊的英文名为 Thallium，源自 thallqs，意为嫩芽——因它在光谱中的亮黄谱线带有新绿色彩。铊是一种白色、无味、无臭的柔软金属，和淀粉、糖、甘油与水混合即能制造一种"款待"老鼠的灭鼠剂——铊盐，在扑灭鼠疫中颇有用，但因其致癌性高，已在很多国家被禁用。

● 发现铊元素的威廉姆·克鲁克斯爵士。

相关链接

1994年，清华大学曾发生1992级化学系一名女同学铊中毒事件。她在1994年11月底出现铊中毒症状，最后得益于互联网才得到确诊和救治。这是中国，也是全球首次大规模利用互联网进行国际远程医疗的尝试。从1994年中毒至今，虽然经过20多年的康复治疗，但由于铊中毒损伤的不可逆转性，她的智力、视觉、肌体和语言功能都没有得到恢复，留下永久的严重后遗症，生活根本无法自理。

这种含有大量铊离子的水进入人体后，就引起了神经麻痹和脱发等症状。

那么，铊到底是怎样一种物质呢？

铊是一种金属元素，化学符号为 TI。1861年，英国化学、物理学家威廉姆·克鲁克斯爵士在研究硫酸厂废渣的光谱中发现了这一元素，并命名为铊；次年，克鲁克斯和拉米几乎同时分别用电解法制得铊。铊呈白色，质地柔软，其化合物有毒，并且接近无味，进入人体后，能很快地被皮肤或胃吸收，并且是一种累积型毒物——每天只有 3.2% 通过尿液被排出，因此，其可导致慢性或急性的脱发症，严重的会导致死亡。

治疗铊中毒可以用普鲁士蓝片剂，使铊与之反应生成不溶物排出人体。

铊离子怎么会大量进入水源中呢？原来铜仁市是著名的汞矿区，该地区夏季气温较高，因此造成土壤中的酸性增强，在汞矿中伴生的铊矿就随之转化为铊离子，随着地下水流到附近村庄的河里、井水里。人们长期饮用了这种含高浓度铊离子的水，就发生了"鬼剃头"的现象。

另外，铊还曾常被用做杀虫剂、灭鼠药的原料，但因其致癌性高，已在很多国家被禁用。但近年来，仍有许多下毒凶杀案，凶手使用含有铊的杀虫剂或捕鼠药作为犯案工具。

铅笔的来历

关键词：铅笔／石墨／打印石／孔戴

　　几乎大多数人最早认识与使用的笔都是铅笔，因此提起铅笔大家都不陌生。铅笔的应用也十分广泛，我们用它写作业、做笔记、绘画等。甚至有人曾说过：一切事情都是从铅笔开始的，不论是时装设计师在衣服上作的符号，还是一个战役的计划，甚至一个核理论的论证都是如此。足见铅笔刚风行时人们对它的喜爱。

　　铅笔发明之前，中国人主要使用毛笔，至今已有 2000 多年的历史，今天依然备受喜爱；在欧洲，人们主要用鹅毛笔，将鹅毛管末端斜切成现在的蘸水钢笔尖形状，蘸着墨水写字，也有 1000 多年了，这可能就是钢笔的祖先。那么铅笔是如何发明的呢？它被叫作铅笔是因为它是用铅做的吗？

　　让我们来了解一下铅笔的来历：

　　1564 年，一场灾难性的飓风袭击了英格兰岛，许多房屋、大树都被刮倒了，受灾较重的是昆布兰地区。飓风过后，一个牧羊人赶着羊群路过这里，发现树坑里有一大片黑黝黝的石头。用手一摸，手都被染黑了。用指甲划那石头，居然软得能刻出道道来。牧羊人觉得这种黑色矿石有点儿像铅，就称之为黑铅，用它在绵羊身上画标记，从此再也没有与其他羊群混淆过。

　　不久，有嗅觉灵敏的商人想到用黑铅来赚钱。他们挖掘出这种黑矿石，切成条状，贴上商标，叫打印石，卖给其他货商，用于在货物包装上标号码或写名字，备受其他商人的欢迎。

● 铅笔是一种用石墨或加颜料的黏土做笔芯的笔。

彩色铅笔（摄影：Chevre）。

日积月累

现在铅笔的种类数量繁多，有黑色铅笔，也有彩色铅笔。黑色铅笔中石墨铅芯的硬度不同，一般用"H"表示硬质铅笔，"B"表示软质铅笔，"HB"表示软硬适中的铅笔。铅笔 B 值越大则越软越浓，H 值越大则越硬越淡。

最后这桩买卖居然做到国外去了，整船的打印石横渡英吉利海峡，销往法国。后来，英法战争爆发，英国不再卖给法国打印石。拿破仑命令化学家雅克·孔戴解决这个难题。孔戴把黑铅磨成细粉，掺上黏土，做成一根根黑色"面条"，在炉窑里焙烧以后，做成黑铅芯，照样能够画记号、写字，不仅节省了许多黑铅，还比原来的打印石结实、耐用呢！

但是，黑铅芯用起来会弄脏手指，还容易摔断。1812 年，美国有一个叫威廉·门罗的木匠在刻有凹槽的木条中嵌上一根黑铅芯，再把两根木条对拼粘合在一起，制成了世界上第一支铅笔。它物美价廉、易于携带，很快就被大众所接受。从此，鹅毛笔只得退居第二位了。

那么黑铅到底是不是铅呢？化学家将黑铅和铅作了比较，铅是沉甸甸的，可以用铁锤打成薄片，放在火里也不能燃烧；而黑铅比铅轻得多，一敲打就成了粉末，燃烧起来和炭一样。这些性质说明，铅是金属，而黑铅是非金属碳的一种，正式的名称叫作石墨。

所以，孔戴当年发明制铅笔芯的原料是石墨和黏土。而铅笔这个名字因为习惯，直到今天还保留着。

可弯曲的软铅笔（摄影：Frank C. Müller）。

红酒变醋——催化剂的作用

关键词：红酒／生日／黑色粉末／醋酸

现在的红酒喜爱者越来越多，大家都知道红酒开瓶以后，要尽快喝掉，不然的话，搁的时间稍长一些，就会变成像醋一样酸，俗称"红酒变醋"。是什么原因使红酒变成了醋呢？又是谁最先发现了这一现象并进行了深入的研究呢？

说到这个问题，就不得不提起18世纪著名的瑞典化学家柏济力阿斯了。

一天早晨，柏济力阿斯离家去实验室时，妻子再三叮嘱他："今天是你的生日，晚上宴请亲友，为你庆贺。记住，下班后早些回来。"柏济力阿斯向妻子点了点头，便上实验室去了。

柏济力阿斯教授是一位做学问的人，工作起来经常废寝忘食。今天的实验十分重要，也很有意义。因此，早晨踏进实验室后，他的心

● 与道尔顿、拉瓦锡一同被称为"现代化学之父"的柏济力阿斯。

相关链接

柏济力阿斯（1779—1848），瑞典化学家、伯爵，现代化学命名体系的建立者。他首先提出了用化学元素拉丁文名称的首字母作为化学元素符号，发现了硒、硅、钍、铈等元素，与约翰·道尔顿、安托万·拉瓦锡一起被认为是"现代化学之父"。他于1806年首次提出了有机化学这一概念，以区别于无机化学；1812年提出了"二元论的电化基团"学说，1830年发现了同分异构现象。

在科学家的眼中，生活中的点滴小事都蕴含着科学道理。难怪生物学家巴甫洛夫说："问号是开启任何一门科学的钥匙。"

日积月累

催化剂又称触媒，是参与化学反应而不会在反应过程中发生质量变化和化学性质变化的物质，作用是改变化学反应速率。在今天的化学工业中，催化剂种类已达100万种，有金属、氧化物、酸、碱、盐等，它们在炼油、塑料、合成氨、合成橡胶、合成纤维等工业部门的许多物质转化过程中大显神威。据统计，在化学工业中约有85%的化学反应离不开催化剂。可以这样说，没有催化剂就没有现代的化学工业。

思便完全沉浸在实验中，早把晚上的生日宴会忘得一干二净，直到妻子玛利亚赶到实验室叫他时，他才恍然大悟，急匆匆地赶回家里。

一进门，他的亲朋好友纷纷围过来举杯向他祝贺，柏济力阿斯顾不上洗手就接过酒杯，把斟满的一杯红葡萄酒一饮而尽。当他抹了抹嘴角时，却皱起眉头喊起来："玛利亚，你怎么把醋当酒给我喝？"老教授这一喊，玛利亚和客人都愣住了。玛利亚感到蹊跷，摆在宴会桌上的这瓶酒分明是红葡萄酒，他怎么说是醋呢，莫非今天他做化学实验搞昏了头？为了证实这酒是红葡萄酒，玛利亚又给大家斟了一杯品尝，客人喝过后，个个深信不疑地表示："一点儿也没有错，确实是又甜又香的红葡萄酒。"

听了大家的一致意见后，柏济力阿斯随手将刚才大家喝过的那瓶红葡萄酒拿过来，为自己斟满了一杯，又喝了一口，仍是酸溜溜的。玛利亚将它端过来也试喝了一口，酸得吐了出来，便说："甜酒怎么一下子变成了酸醋呢？"客人纷纷凑过来，观察着、猜测着这魔术般的"神杯"发生的怪事。

柏济力阿斯将酒杯里外仔细作了一番检查，发现酒杯里沾染有少量黑色粉末。他再看看自己的双手，10根手指根根沾有黑色粉末，这是在实验室研磨白金时沾上的。"哎呀，原来是这样！"他高兴得跳起来，然后拿起那杯酸酒一饮而尽。

原来，把红葡萄酒变成酸醋的就是这种黑色粉末，是它使乙醇（酒精）与空气中的氧气起了化学作用，生成了醋酸。后来，人们把这种化学反应叫作触媒作用，又叫催化作用，而把能使反应物潜藏的能力唤醒过来的、具有魔术师魔力的外加物质叫作催化剂。

溴元素的发现与李比希的"错误之柜"

关键词：李比希／溴／海藻／错误

1826 年的一天，德国化学家李比希在翻阅一本科学杂志时，被一篇题为《海藻中的新元素》的论文吸引住了。他屏住呼吸，细细地阅读，读完后懊悔莫及。原来，《海藻中的新元素》是法国青年学者安东尼·巴拉尔撰写的一篇关于溴的论文。文中写道：他在用海藻液做提取碘的实验时，发现在析出了碘的海藻液中，沉积着一层暗红色的液体。经过研究，它是一种新元素，因为这种元素有一股刺鼻的臭味，所以给它取名溴。

李比希连着把这篇论文看了好几遍，顿时想起自己 4 年前曾做过类似的实验。他曾试着把海藻烧成灰，用热水浸泡，再往里面通氯气。结果他发现，在残渣底部沉淀着一种棕红色的液体。他想，这些东西是通了氯气得到的，说明海藻中的碘和氯起了化学反应，生成氯化碘。于是他在瓶子上贴了一个标签，上面写着"氯化碘"，然后就把这瓶液体放在柜子里，一放就是 4 年。

李比希看完这篇论文后，赶紧翻箱倒柜，找出了那瓶棕色液体，认真地进行了化学分析，分析结果使他激动又痛心。原来，那瓶棕色液体不含有氯，也不含有碘，更不是他猜测的氯化碘，其成分正是巴拉尔发现的新元素——溴。

相关链接

巴拉尔的论文发表后，深受震动的还有另一位德国化学家，他叫洛威。洛威得到暗红色液体也在巴拉尔之前，可惜，他也没有做进一步的研究，也错过了发现的机会。溴的发现告诉我们，科学是不讲情面的，成功只属于那些对新事物充满敏感，而在工作中又踏踏实实、锲而不舍的人。

溴元素的发现者之一：安东尼·巴拉尔。

溴是一种化学元素，一种卤素，化学元素符号为 Br，原子序数为 35。溴在标准温度和压力下是有挥发性的红棕色液体，活性介于氯与碘之间。纯溴也称溴素。溴蒸气具有腐蚀性，并且有毒。

● 试管里的暗红色液体就是溴（摄影：Alchemist-hp）。

● 德国化学家李比希。

李比希悔之不迭，因为以当时他的实验设备和实验技术，完全有条件从这瓶液体中发现新元素溴。假如当时自己稍微认真一点，那发现溴的荣誉就该属于自己、属于德国！然而，机会都被自己错过了。他懊悔极了，恨自己粗心大意，恨自己进行了大半辈子的化学研究，却缺乏严谨的科学态度。为了警诫自己，他把那张写有"氯化碘"的标签从瓶子上小心翼翼地揭下来，装在镜框里，挂在床头，不但自己天天看，还经常让朋友们看。他还特别把那瓶棕色液体放在原来的柜子里，并把柜子搬到大厅中，在上面贴上一个工整的字条——"错误之柜"。

后来，他在自传中写道："从那以后，除非有非常可靠的实验作根据，我再也不凭空地自造理论了。"从此，李比希更认真、更严谨地从事研究工作，最终成了化学史上的巨人。

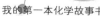

维勒与人工合成尿素

关键词：维勒／人工尿素／合成／氰酸铵

维勒是一位勤勉的化学家，一生发表化学论文 270 多篇，获得世界各国给予的荣誉达 317 种。维勒最重要的贡献是在 1828 年首次人工合成尿素，最先打破了有机化合物和无机化合物的界限。

说起人工尿素的合成，维勒跟他的导师柏济力阿斯之间曾有过一场极为激烈的论战……

那是在 1824 年，维勒刚刚离开柏济力阿斯，从瑞典返回德国之后不久。维勒埋头于研究氰酸。有一次，维勒打算制造氰酸铵。他在氰酸中倒入氨水之后，用火慢慢加热，把溶液蒸干，得到一种针状结晶体。然而这与他过去曾制得的氰酸铵结晶体不同。因为在氰酸铵中加入氢氧化钾溶液，加热以后，会放出氨，闻到臭味。可是，这种针状晶体溶解后加入氢氧化钾，不论怎么加热，都没有闻到氨的臭味。奇怪，这是一种什么样的"氰酸铵"呢？直到 4 年之后，经过仔细研究，维勒终于证实这种针状结晶体并不是氰酸铵，而是尿素！维勒制得的尿素，与尿中的尿素一模一样。

维勒马上意识到这一发现的重要性。他兴奋地给柏济力阿斯写信："我要告诉您，我可以不借助于人或狗的肾脏而制造出尿素。可不可以把尿素的这种人工合成看作用无机物制造有机物的一个先例呢？"然而令人意想不到的是，柏济力阿斯对维勒的发现非常冷淡，他甚至回

● 19 世纪 50 年代的维勒。

相关链接

弗里德里希·维勒（1800—1882），德国化学家。他因人工合成尿素，打破有机化合物的生命力学说而闻名。维勒完成了数量多得惊人的实验研究工作。他发现了硅烷；分析过大量的矿物，制备出许多稀有金属化合物；发现碳化钙并从中制取乙炔；研究出制备金属铝和比较容易地制取磷的方法；证实氰与水作用可生成草酸；分离出铍；还和李比希合作研究了许多有机化合物。

尿素晶体。

信给维勒挖苦地问道："能不能在实验室里制造出一个小孩来？"

根据物质的组成、结构的特性，化合物可以分成两大类：一类是无机化合物，如硫酸、盐酸、烧碱等；另一类是有机化合物，如酒精、甘油、淀粉、蛋白质等。19世纪初，人们认为，有机化合物只有活的有机体在所谓生命力的作用下才能创造出来，而不能像无机化合物可以天然产生，或能用人工方法研制出来。这种将有机化合物和无机化合物完全割裂的观点，就是当时流行的生命力论，而柏济力阿斯正是这一观点的坚决拥护者。

维勒的发现，显然是对生命力论的沉重打击。它证明，不依赖神秘的生命力，用人工方法也可以制成有机化合物。

维勒将自己的发现和实验过程写成题目为《论尿素的人工制成》的论文，发表在1828年《物理学和化学年鉴》第12卷上。他的论文详尽记述了如何用氰酸与氨水或氯化铵与氰酸银来制备纯净的尿素。随着其他化学家对他的实验的重现，人们认识到有机物是可以在实验室由人工合成的，这打破了多年来占据有机化学领域的生命力学说。随后，乙酸、酒石酸等有机物相继被合成出来，支持了维勒的观点。

1982年联邦德国邮政局为纪念维勒逝世100周年而发行的邮票。

维勒和李比希的友谊

关键词：维勒／李比希／同分异构／友谊

19世纪20年代初，维勒到海德堡大学求学，跟随著名化学家列奥波德·格麦林学习化学，得到了格麦林教授的赏识。格麦林教授是研究氰化物的专家，维勒在他的指导下研究氰酸。维勒测定了氰酸的化学成分，指出它是由碳、氮、氢、氧4种元素组成的。22岁的维勒发表了论文，公布了他测定的氰酸的化学成分。当时格麦林教授提醒他："请你注意一下德国化学家李比希刚发表的论文！"

年轻时的德国化学家李比希（左）与维勒（右）。

那时候的李比希才20岁。维勒赶紧查阅了李比希的论文。奇怪，李比希测定出雷酸的化学成分，竟跟氰酸一样！氰酸跟雷酸化学性质截然不同，氰酸很稳定，雷酸很容易爆炸。不同的化合物，怎么会具有相同的成分呢？

1823年，维勒经导师的推荐，来到柏济力阿斯的实验室工作。维勒迫不及待地向这位"科学家共和国最高法官"提出了自己的疑问。那"最高法官"是怎么判决的呢？他说："在你们两人之中，总有一个人测定错了！"那么，究竟谁错了呢？"最高法官"没有裁定。

这时，李比希也看到了维勒关于氰酸的论文，他同样感到疑惑不解。于是，李比希拿来氰酸银进行分析，发现其中含有氧化银71%，并不像维勒所说的是77.23%。李比希紧接着发表论文，认为维勒搞错了。维勒又重做实验，发现李比希搞错了，因为李比希所用的氰酸银不纯净。维勒进一步测定，认为氰酸银所含氧化银应为77.5%。就这样，维勒和李比希你一篇论文，我一篇论文，展开了热烈的争论。

1826年，李比希发表论文，说他提纯了氰酸银之后，所得结论与维勒一样，同时也与他所测得的雷酸银的化学成分一样。

对此，他们无法解释：两种显然不同的化合物，怎么会有相同的成分呢？尽管维勒和李比希都在德国工作，不过，维勒在柏林，李比希在吉森，两人从未见过面。他们之间只能通过信件和论文交换意见。

1828年年底，维勒从柏林回到故乡法兰克福度寒假。一天晚上，维勒正在老同学施皮斯医生家里围着壁炉聊天。这时，响起敲门声。门开了，门外站着一位约25岁的青年，个子瘦高，前额宽广，两道浓眉下的双眼闪闪发亮。

"哟，什么风把你吹来了？"施皮斯一眼就认出来了，这是李比希。他路过法兰克福，来看看老朋友施皮斯。"李比希？"维勒一听这熟悉的名字，赶紧站了起来。两人都意想不到，会在这儿相遇。这是他们平生第一次见面。壁炉的火光，把两位青年化学家的脸映得通红。他们俩真是相见恨晚，还来不及寒暄，就谈起了氰酸、雷酸，雷酸、氰酸。他们整整谈了一夜，还觉得没有把话说完。

俗话说："不打不相识。"他们俩在激烈的争论中结为知己。后来，他们经过详尽的讨论，认为双方都没有错。

"最高法官"说过："在维勒和李比希两人之中，总有一个人测定错了！"如今，维勒和李比希测得的结果一样，都没有错，这究竟是怎么回事？他们又向"最高法官"柏济力阿斯请教。这一回，柏济力阿斯没有马上答复。他亲手重做了维勒和李比希的实验。最后，"最高法官"发现维勒没有错，李比希没有错，而是自己当年的"裁决"错了！

1830年，柏济力阿斯提出了一个崭新的化学概念，叫作同分异构。意思是说，同样的化学成分，可以组成性质不同的化合物。他认为，氰酸与雷酸便属于同分异构，它们的化学成分一样，却是性质不同的化合物。在此之前，化学界一向认为，一种化合物具有一种成分，绝没有两种不同化合物具有同一化学成分的可能。柏济力阿斯正确地"裁决"了维勒和李比希之间的论战，使化学向前迈进了一步。柏济力阿斯还发现，酒石酸与葡萄酸也是同分异构的"孪生姐妹"。

从那以后，维勒和李比希之间的友情越来越密切。论性格，维勒和李比希截然不同：李比希热烈、爽快，一激动起来就脸红脖子粗，好动、好斗；维勒温和、文静，指着他的鼻子批评他也不会动气，爱静、爱思索。李比希看到别人稍有错误，马上就会批评，而且有时往往批评过火。不过，他一旦发现自己错了，就会立即承认，闻过则喜。维勒不经深思熟虑，不经自己实验，绝不轻易批评别人，而且讲话极注意分寸。然而，共同的事业——化学，使他们成为诤友、畏友、莫逆之交。他们多么想在一起工作啊！

1831年，李比希想办法给维勒在卡塞尔技术学院找到了工作。维勒毅然离开了首都柏林，到小城市卡塞尔工作，他的目的只有一个——离李比希近一点。其实，卡塞尔距离吉森也不算近，相距100千米。可是，终究比柏林要近得多。一有空，不是维勒上吉森去，便是李比希到卡塞尔来。他们共同合作，以两人的名义，发表了几十篇化学论文！

李比希在给维勒的一封信中说："我们两人同在一个领域中工作，竞争而不嫉妒，保持最亲密的友谊，这是科学史上不常遇到的例子。我们死后，尸身将化为灰烬，而我们的友谊将永存！"

人们曾这样评论维勒和李比希的友谊："在世界化学史上，恐怕没有比他们两人合作得更好的了！他们为什么会有如此深厚的友谊？那是因为他们都正直无私，对学问务求彻底，在科学面前老老实实，有了这许多共同点，他们才会携手并进，最终成了挚友。"

日积月累

化学上，同分异构体是一种有相同化学式，有同样的化学键而有不同的原子排列的化合物。简单地说，化合物具有相同分子式，但具有不同结构的现象，叫作同分异构现象；具有相同分子式而结构不同的化合物互为同分异构体。雷酸银和氰酸银是人类发现的第一对同分异构体。

动物世界里的"化学战"

关键词：动物／生存／化学／武器

人类战争有化学战，动物界同样也有化学战。许多动物拥有诸如毒液、麻醉液、腐蚀液、粘结液之类的"化学武器"，经常展开一场又一场生死存亡的斗争。

人们比较熟悉的是毒蛇、毒蝎、毒蛙、毒蜘蛛等能够分泌毒液，它们以此作为武器，用于进攻或防卫。它们分泌的毒液一般有含有神经毒和血液毒两种类型。前者作用于对手的中枢神经，使其心脏停止跳动，后者则经过对手的血液循环系统破坏其组织，最终使其丧命。如非洲有一种毒蜂，蜂王一旦发现可以进攻的目标，就发出一种具有特殊气味的化学物质，命令全军进攻，即使是老虎、狮子也难保性命。还有一种黄蜂，毒液含有报警信息素，可通过空气传播给巢里的蜂群。若有人打死一只黄蜂，能激怒5米外的巢中的黄蜂飞来，有时几只黄蜂就能杀死对蜂毒过敏的人。

放屁虫是善跑的昆虫，也是制造和使用化学武器的能手。在它的腹内有两个臀腺，臀腺里的分泌细胞能分泌出对苯二酚和过氧化氢，平时贮藏在贮液囊里。当它们受到攻击时，能立即让上述化学物质进入体内"燃烧室"，在酶的作用下进行化学反应，生成滚烫的腐蚀液，依靠其腹部尖端可转动的"炮塔"，把腐蚀液准确地喷到追击者身上，而且在被追击的同时发出令人吃惊的"咔塔咔塔"声，使追击者不知所措慌忙逃走。

黄鼠狼体内贮有奇臭难闻的丁硫醇，当它遇到敌害袭击时，就放出含丁硫醇的屁，敌害招架不住，它便趁机逃跑。而猫把脸上和臀部体腺散发的气味弄在人的腿上，因此它很远就能辨明主人在哪里。黑尾鹿遇敌时常释放香味迷惑对手。燕尾凤蝶还能利用化学武器实施集体防御。它有一对鲜红色或橘色触角（称为丫腺），位于头部后面紧挨的位置。

⬤ 放屁虫是制造和使用化学武器的能手。

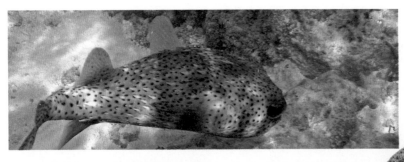

● 河豚毒的毒性比
化学毒品氰化钠
的强 120 倍。

● 比目鱼也能排出
有毒的液体。

在正常情况下，触角隐藏在囊里，一旦受攻击时会突然
伸出，喷出一股极臭的脂肪酸分泌液。一群燕尾凤蝶在
一起飞舞时，只要外围有一只受到骚扰，这个群落就会同
时喷射，使四周形成一圈化学烟雾，有效地抗击来犯者。

　　白蚁虽然不大，可是它却有多种化学防卫手段。其中有一
种叫注射法，即在咬伤对手的同时，向其伤口注入毒素或抗凝
油，使之中毒或流血不止而死亡。第二种是刷毒法，利用其上
唇演变而成的"油漆刷子"，将油状毒液刷在对手身上，使之
中毒死亡。第三种则是喷胶法，这种胶与松脂相似，内含粘结剂、
刺激剂和毒液，对手沾上此胶后便动弹不得了，只能束手待毙。

　　猴子、野猪等动物中的领袖能够发出使其他雄性动物臣服
的气味，只要闻到这种气味，即使没有见面也马上服服帖帖，
不敢乱说乱动。有一种貂熊发现小动物时立即撒尿，用尿在地
上画一大圈，被圈中的动物如中魔法，费尽全力也难逃出"禁
圈"。更令人惊奇的是，当貂熊在圈中捕食小动物时，圈外凶
猛的豹和狼等，竟也不敢跨入"禁圈"去争夺。因为，貂熊尿
液的气味会使某些动物闻之发晕、发怵。

　　在海洋深处生存的海蜗牛，能吐出一种含盐酸和硫酸的混
合物的唾液，别说动物肌体，就是滴在岩石上也会使之被腐蚀
得冒烟。因此，海中动物包括鲸、鲨都不敢去惹海蜗牛。

　　河豚内脏带有剧毒，还能排出带有剧毒的鱼卵。河豚毒的
毒性比化学毒品氰化钠的强 120 倍。倘若水中的其他动物吞食
了它或它的卵，会很快神经麻木中毒死亡。

　　小小的比目鱼也能排泄出一种乳白色、毒性极强的液体。
鲨鱼尽管凶猛无比，但一沾上这种液体，嘴巴就像中了魔似的
立即僵硬，成了名副其实的"纸老虎"。

尿液里的意外发现

关键词：尿液 / 发现 / 意外 / 磷元素

从前面的故事里，我们知道鬼火是因为磷的氢化物——磷化氢燃烧形成的，对磷的化合物有了一定的了解。那么，磷是一种什么样的物质，它又是怎样被发现的呢？

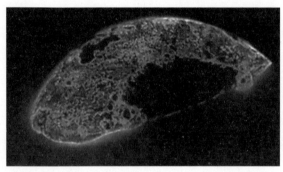

在黑暗中闪光的白磷（摄影：Endimion17）。

在化学史上第一个发现磷元素的人，当推17世纪德国汉堡的商人波兰特（约1630～约1710）。在当时的欧洲，炼金术盛行。人们像发了疯似的，热衷于采集各种东西，像铁、铅、铜，甚至各种石头、碎布，放到大锅炉里，不停地搅拌，盼望哪天能炼出金灿灿的黄金来。

商人波兰特也是一个相信炼金术的人。有一天，他听说从尿液里可以制得"金属之王"黄金，不禁眼前一亮，他想，尿液也不难得，为什么不试试呢？

于是，他迫不及待地收集了大量尿液，在一间幽暗的小屋里偷偷地做起了"尿液变黄金"的实验。

就这样，波兰特抱着发财的目的，用尿液做了大量实验。1669年，他在一次实验中，将砂石、木炭、石灰等和尿液混合，加热蒸馏，虽然没有得到黄金，却意外地得到一种十分美丽的物质。它色白质软，能在黑暗的地方放出闪烁的亮光，于是波兰特给它取了个名字，叫冷光。

冷光就是今日被称为白磷的物质。

波兰特对制磷的方法起初极为保秘，不过，他很快就发现这种新物质的消息已经传遍了德国。德国化学家孔克尔经过多方打听，得知了这一秘密制法，于是他也开始用尿液做实验，经过苦心摸索，终于在 1678 年也宣告成功。

孔克尔是把新鲜的尿液蒸馏，待蒸到水分快干时，取出黑色残渣，放置在地窖里，使它腐烂，经过数日后，将黑色残渣取出，与 2 倍于尿渣重量的细砂混合，一起放置在曲颈瓶中，加热蒸馏，瓶颈则连接盛水的收容器。先用微火加热，继而用大火干馏，及至尿中的挥发性物质完全蒸发后，磷就在收容器中凝结成为白色蜡状的固体。后来，他为介绍磷，还曾写过一本书，名叫《论奇异的磷质及其发光丸》。

英国化学家罗伯特·波义耳差不多与孔克尔同时，用与他相近的方法也制得了磷。波义耳的学生甚至用这种方法制得较大量的磷，运到欧洲其他国家出售以牟利。以后，又有人从动物的骨质中发现了磷。

英国化学家罗伯特·波义耳。

磷的着火点很低，因此它被广泛地用在火柴的生产中，为人们取火提供了极大的方便。图为被处理成五颜六色的火柴头。通常，火柴头上的主要原料是磷和氧化剂、还原剂。

日积月累

磷，是德国汉堡的炼金者波兰特在 1669 年发现的。磷，第 15 号化学元素，处于元素周期表的第三周期、第 VA 族。是一种易起化学反应的、有毒的氮族非金属元素。

磷存在于人体所有细胞中，是维持骨骼和牙齿的必要物质，几乎参与所有生理上的化学反应。单质磷的同素异形体分为白磷、红磷、黑磷等。白磷的着火点很低，仅为 40℃，所以白磷是极易燃烧的。

在葡萄园中找到的"金子"——砷

关键词：炼金／葡萄园／雌黄／砷

有这样一个传言：1814年，拿破仑被俘流放，死在圣赫勒拿岛。据美国《百科全书》记载，他死于胃病。多年来，法国人却认为他是被英国人毒死的。但谁也拿不出可靠的证据。150年后，科学家找到拿破仑的一根头发，如获至宝，把这根头发切成小段，放入原子反应堆中接受中子反射，发现头发里含有比正常人多40倍的砷元素。因此确认，这位19世纪在欧洲叱咤风云的人物是死于砷中毒。尽管拿破仑到底是死于人为的放毒呢，还是死于地方性砷中毒尚无定论，但圣赫勒拿岛上的食物和生活用水都含有较高的砷，却是谁也不能否认的事实。

《伊索寓言》里有一个《葡萄园里的珍宝》的故事：有个农夫快要辞别人世时，想要把自己的耕作经验传给儿子们，便把他们叫过来说："孩子们，我即将离开这个世界了，我把要留给你们的东西，都埋藏在葡萄园里了，我死后，你们去把它们通通都找出来吧！"儿子们以为那里埋藏了金银财宝。父亲去世之后，他们把那葡萄园的地全都翻了一遍，虽然什么宝物都没找到，却使葡萄园的地很好地被耕作了一番，所以这年比以往结了更多的葡萄。

同寓言里找金子的人一样，古代也有许多幻想得到大量黄金的人，他们想尽各种办法，试图在铜、铁等普通金属中加入某种物质后，能够"点化"出黄金、白银。这些身披黑斗篷的炼金家，费尽心机，也没能炼出黄金。但在烟火绵延之中，在探索制金的无数实验中，他们却在无意中发现了许多新元素。

比如上一个故事里的德国商人波兰特，受到炼金术的诱惑，想变成百万富翁，便做了炼金术士。他用尿液炼金，却意外发现了磷。

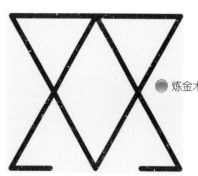

● 炼金术士使用的砷的符号。

● 联邦德国邮政局于1961年发行的马格努斯纪念邮票。

无独有偶，砷也是由德国的炼金术士马格努斯在无意中发现的。1250 年，他在炼金时，用雌黄（硫化砷）与肥皂共热的方法，意外得到了色白如银的砷。这一发现使许多人以为用此法就可得到大量白银。然而，由于砷和砷的化合物有很大的毒性，许多采矿的奴隶因此断送了性命。在炼金术士的记录符号中，砷是用一条盘卧的毒蛇来表示的。在现代科学应用中，砷的化合物可做杀虫剂、木材防腐剂等，高纯砷可用于半导体和激光元器件中。

可以说，古代的炼金术是近代化学的前驱，那些神秘莫测的炼金术士们，如同在葡萄园中挖金子的人一样，没有炼出黄金，却为元素的发现开掘出一块块沃土。

● 壁画上的马格努斯，绘制于 1352 年。

● 葡萄园里真的会有金子吗?

日积月累

砷是一个知名的化学元素，元素符号为 As，原子序数为 33，原子量是 74.92。它是一种以有毒著称的类金属，并有许多同素异形体。自然界中有含砷矿，如自然砷铋矿和辉砷矿等，但更容易发现的形式是砷化物与砷酸盐化合物。最为人所熟知的是三氧化二砷（俗称砒霜）。砷与其化合物被运用在农药、除草剂、杀虫剂与许多种的合金中。

"神水" 不神秘——芒硝的发现

关键词：格劳贝尔／回归热／神水／芒硝

🔵 芒硝的发现者格劳贝尔。

相关链接

回归热是由回归热螺旋体引起的急性虫媒传染病，引起人类发病者有虱传和蜱传回归热螺旋体。该病的典型临床症状为阵发性高热、全身疼痛、肝脾肿大以及发热期与无热期交替出现。

大约 300 年前，在意大利的那不勒斯城里，有个 20 来岁的德国青年正在那里旅行。他叫格劳贝尔，后来成了一名化学家和药物学家。

格劳贝尔因为家境贫寒，没有进大学深造的条件，他便决定走自学成才的路。格劳贝尔刚刚成年时，他就独自离开了家，到欧洲各地漫游，一边找活儿干，一边学习。

可是很不幸，格劳贝尔在那不勒斯城得了回归热病。疾病使他的食欲大减，消化能力受到严重损害。看到格劳贝尔一天比一天虚弱，却又无钱医治，好心的店主人便告诉他：在那不勒斯城外约 10 千米的地方，有一处葡萄园，园子的附近有一口井，据说喝了那井里的水可以治好这种病。

格劳贝尔被疾病折磨得痛苦不堪，虽然半信半疑，但还是决定去试试。奇怪的是，他喝了井水后，突然感到想吃东西了。于是，他一边喝水一边啃面包，最后居然吃下去一大块面包。不久，格劳贝尔的病就痊愈了，身体也强壮起来了。

病好以后，格劳贝尔没有把这件事抛到脑后，他决心弄清楚其中的奥秘。于是，有一天，他终于耐不住，又去了那不勒斯一趟，还取回了"神水"。

整整一个冬天，格劳贝尔哪儿也没去，关起门来一心研究着"神水"。

他在分析水里的盐分时，发现了一种叫芒硝的物质。格劳贝尔认为，正是这种物质治好了自己的病。

于是格劳贝尔紧紧抓住芒硝这一物质进行了大量研究，了解到它具有轻微的致泻作用，药性平和。由于人们历来就有一种看法，认为疏导肠道通畅对身体健康有极大好处，所以格劳贝尔认为自己得到了医药上重大的发现，把它称为"神水"、"神盐"，后来还把它称为"万灵药"，他相信自己的病就是喝这种"神水"治好的。

这是发生在 1625 年前后的事，当时的化学还没有成为一门科学，格劳贝尔对"万灵药"的兴趣还带有炼金术的色彩。1648 年，格劳贝尔住进一所曾经被炼金术士住过的房子，把那个地方变成了一所化学实验室，在实验室里设置了特制的熔炉和其他设备，用秘方制出了各种化合物当作药物出售，其中包括我们现在称为丙酮、苯的液态有机物。

为了纪念格劳贝尔的功绩，人们也把芒硝称为"格劳贝尔盐"。

日积月累

芒硝是十水合硫酸钠的俗称，化学式为 $Na_2SO_4 \cdot 10H_2O$（硫酸钠与水分子结合形成的结晶），单斜晶系，晶体短柱状，集合体呈致密块状或皮壳状等，无色透明，有时带浅黄或绿色玻璃光泽；味道较苦。失水后称无水芒硝。工业上广泛用于漂染，制造玻璃、苏打及洗衣粉等。

芒硝（摄影：Rob Lavinsky）。

核酸的发现

关键词：核酸／米歇尔／有机化学／生物化学

第一个发现核酸的人是瑞士科学家弗勒瑞克·米歇尔。

1868 年，25 岁的米歇尔正在德国的杜宾根大学攻读有机化学，并在生物学家霍佩·赛勒的实验室里从事细胞化学组分的研究工作。一次，为了索取大量的实验材料，米歇尔标新立异地收取了大量又脏又臭的外科手术绷带。他仔细地用稀释过的硫酸钠溶液洗涤绷带，使白细胞几乎完全无损地与脓液中的血清及其他物质分开。接着，他又成功地分离出细胞核。

在当时，能够把细胞核用化学方法提取出来的，整个世界上只有米歇尔一人。后来在进一步研究中，当他用碱溶液继续处理细胞核时，竟发现了一种前所未见的化合物。通过化学元素分析及其他性质的测定，他发现这种物质的磷含量很高（2.5%），他将其命名为核素。

这种核素，就是今天我们熟知的核蛋白。

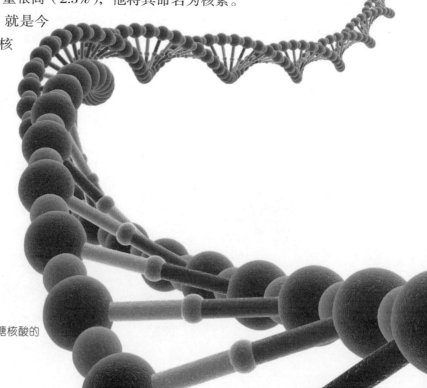

3D 制作的脱氧核糖核酸的螺旋结构。

　　核酸是一种主要位于细胞核内的生物大分子，决定着生物体遗传信息的携带和传递。DNA分子含有生物物种的所有遗传信息，为双链分子，其中大多数是链状结构大分子，也有少部分呈环状结构，分子量一般都很大。RNA主要是负责DNA遗传信息的翻译和表达，为单链分子，分子量要比DNA小得多。核酸存在于所有动植物细胞、微生物、病毒和噬菌体内，是生命的最基本物质之一，对生物的生长、遗传、变异等现象起着重要的决定作用。

　　尽管当时的米歇尔并不知道这种物质是核酸和蛋白质结合的产物，也还不知道核酸可以继续分离出更小的单位——核糖核酸（RNA）和脱氧核糖核酸（DNA），更不知道RNA和DNA在生命遗传、基因修复和防病治病、抗衰老研究领域中的里程碑的作用和意义，但是一个崭新的解开生命之谜的科学领域从此出现了。

● 第一个发现核酸的人——瑞士科学家弗勒瑞克·米歇尔。

　　20年后，即1889年，生物化学家奥尔特曼从酵母和动植物组织中制备出一种纯净的、不含蛋白质的细胞核中的酸性物质，将其称为核酸。此时的米歇尔已45岁，正在故乡巴塞尔的莱茵河畔对鲑鱼的精子细胞进行研究，他发现核素中的一部分是大分子组成的酸性基因。实际上他已接近了核酸的分离最后阶段，那种酸性基因就是核酸。但无私大度的米歇尔承认了奥尔特曼的科研成果，认为他把核素研究大大地推进了一步。

　　在随后的百余年里，全世界无数的生物学家、医学家、营养学家在米歇尔开创的领域中不断取得新成果，已有数十位科学巨子因此荣获诺贝尔奖。近年来，遗传工程学的突起，在揭示生命现象的本质、用人工方法改变生物的性状和品种以及在人工合成生命等方面都显示了核酸历史性的广阔远景。

会变色的紫罗兰——酸碱指示剂的发现

关键词：波义耳／紫罗兰／变化／酸碱指示剂

● 化学家罗伯特·波义耳。

罗伯特·波义耳是 17 世纪英国著名化学家，他热爱工作，也十分喜爱鲜花。每天清晨，花匠都会照例采下一篮鲜花，送到波义耳的房间。

有一天，花匠送来的是深紫色的紫罗兰，它是波义耳最喜欢的一种花。波义耳随手取出一束紫罗兰观赏起来。

这时，他的助手威廉告诉他说新买的盐酸运来了。波义耳拿着紫罗兰走进实验室，去检查盐酸的质量。他随手把花放在桌子上，帮威廉一起倒盐酸。没想到桌上的紫罗兰被溅上了浓盐酸。

相关链接

罗伯特·波义耳（1627—1691），英国化学家。化学史家都把 1661 年作为近代化学的开始年代，因为这一年有一本对化学发展产生重大影响的著作出版问世，这本书就是《怀疑派化学家》，它的作者就是罗伯特·波义耳。

爱花的波义耳急忙把冒烟的紫罗兰用水冲洗了一下，然后插在花瓶中。

过了一会儿，波义耳惊奇地发现，原本深紫色的紫罗兰竟变成了红色。

这一奇怪的现象促使他进行了许多花木与酸碱相互作用的实验。由此他发现了大部分花草受酸或碱作用都能改变颜色，其中以石蕊地衣中提取的紫色浸液最明显，它遇酸变成红色，遇碱变成蓝色。利用这一特点，波义耳用石蕊浸液把纸浸透，然后烤干，这就制成了实验中常用的酸碱试纸——石蕊试纸。

在以后的300多年间，这种试纸一直被广泛应用于化学实验中，直至今日，石蕊试纸仍然是化学实验室里的必备品。

这是多么有用的东西啊！波义耳给它们取名为指示剂。有了指示剂，人们再也不必为判断物质的酸碱性而犯愁了。

● 色彩缤纷的紫罗兰。

● 比对一下，柠檬的 pH 值是多少？

日积月累

石蕊试纸是常用的试纸，是检验溶液的酸碱性的方法中最古老的一种。它有红色石蕊试纸和蓝色石蕊试纸两种。碱性溶液使红色试纸变蓝，酸性溶液使蓝色试纸变红。

● 石蕊试纸，对比色卡后，酸碱度就一目了然了。

"闯祸"的小猫——碘的发现

关键词：战争／库图瓦／小猫／碘

紫黑色、带金属光泽的碘。

19世纪初，拿破仑发动了一场规模巨大的战争，战火蔓延整个欧洲。这就需要把大量的黑火药用于战场。许多化学家、火药商都研究制造起黑火药来。当时的黑火药是用硝酸钾（就是硝石）、硫磺和炭灰制造的。当时硫磺和炭灰是很容易搞到的，但硝石却十分缺乏。有一位名叫库图瓦的法国化学家，跟随他的父亲在海边捞取海藻，然后从海藻灰中提取硝石。

1811年的一天，库图瓦按照惯例，把海藻灰制成溶液，然后进行蒸发。溶液中的水量越来越少，白色的氯化钠（就是食盐）最先结晶出来。接着，硫酸钾（这是一种常用的肥料）也析出了。下面，只要向剩余的海藻灰液里加入少量硫酸，把一些杂质析出，就能得到比较纯的硝酸钾溶液了。

硫酸装在一个瓶子里，就放在装海藻灰液的盆旁边。谁知就在这时，一只花猫突然跑了过来，它的爪子碰倒了硫酸瓶，瓶里的硫酸不偏不倚几乎全部流进了装海藻灰液的盆里。

库图瓦非常生气。要知道，加入到海藻灰液里的硫酸必须是少量的。现在，这么多硫酸倒进去了，前面的那些工作算是白干了。他正想惩罚这只顽皮的花猫时，眼前突然出现了奇怪的景象：一缕缕紫色的蒸气从盆中冉冉升起，像云朵般美丽。库图瓦简直看呆了。他忽然想起，应该把这紫色的蒸气收集起来，便拿过一块玻璃放在蒸气上面。

使库图瓦更为惊奇的是蒸气凝结后，没有变成水珠，而是变成了像盐粒似的晶体，并且闪烁着紫黑色的光彩。

这个意外的现象，引起了库图瓦的极大兴趣。他立即进行化验、分析，发现这种未知物的许多性质不同寻常，比如它虽闪耀着金属般的光泽，却不是金属；虽是固体，却又很容易升华，即不经过液态而直接变为气态；它的纯蒸气是深蓝色的，紫色的蒸气是因为混有空气的缘故……

1813年，经英国化学家戴维和法国化学家盖·吕萨克研究，证实库图瓦发现的是一种新元素，盖·吕萨克将它命名为碘，取希腊文"紫色"的意义。

1911年，在庆祝碘发现100周年时，人们在库图瓦的故乡树立了一块丰碑，以纪念他在科学上的重要发现。

日积月累

碘是一种卤族化学元素，它的化学符号是 I，它的原子序数是53。单质碘呈紫黑色晶体状，易升华，升华后易凝华。它具有毒性和腐蚀性。碘单质遇淀粉会变蓝紫色。主要用于制药物、染料、碘酒、试纸和碘化合物等。碘是人体必需的微量元素之一，健康成人体内的碘总量为30毫克左右（20～50毫克），国家规定在食盐中添加碘的标准为20～30毫克/千克。

● 法国化学家盖·吕萨克（1778—1850）。

两只幸运的老鼠——氧气的发现

关键词：普里斯特利／小白鼠／氧气／燃素

1774年8月1日，英国化学家普里斯特利同往常一样，在自己的实验室里工作着。前几天，他发现有一种红色粉末状物质，当用透镜将太阳光集中照射在它上面，红色粉末被阳光稍稍加热后就会生成银白色的汞，同时还有气体放出。汞是普里斯特利早已熟悉的物质，可那些放出的气体是什么呢？他想仔细研究一下。

普里斯特利准备了一个大水槽，用排水法收集了几瓶气体。这气体会像二氧化碳那样扑灭火焰吗？普里斯特利将一根燃烧的木柴棒丢进一只集气瓶。啊，木柴棒不但没有熄灭，反而烧得更猛，并发出耀眼的亮光。

● 普里斯特利画像。

● 普里斯特利用过的仪器设备。

看到眼前的景象，普里斯特利兴奋起来，他又将两只小白鼠放进一只集气瓶中，并盖上盖子。过去普里斯特利也曾做过类似的实验，在普通空气的瓶子里，小白鼠只能存活一会儿，然后慢慢死去；同样，在装有二氧化碳气的瓶中，小白鼠挣扎一阵，也很快就死了。可是今天，两只小白鼠在瓶中活蹦乱跳，显得极其自在、惬意！

日积月累

氧是一种化学元素，其原子序数为 8，由符号 "O" 表示。在元素周期表中，氧是氧族元素的一员，它也是一个高反应性的第 2 周期非金属元素，很容易与几乎所有其他元素形成化合物（主要为氧化物）。在标准状况下，两个氧原子结合形成氧气，是一种无色无臭无味的双原子气体，化学式为 O_2。氧不仅占了水质量的 89%，也占了空气体积的 20.9%。氧气是由约瑟夫·普里斯特利和卡尔·威廉·舍勒各自独立发现的。在工业上，氧气的运用包括钢铁的冶炼、塑料和纺织品的制造以及作为火箭推进剂与进行氧气疗法，也用来在飞机、潜艇、太空船和潜水中维持生命。

🔵 伯明翰城张伯伦广场前的普里斯特利铜像。

这一定是一种维持生命的物质！是一种新的气体。普里斯特利显然激动了，他亲自试吸了一口这种气体，立刻感到一种从未有过的轻快和舒畅。普里斯特利在实验记录中诙谐地写道："有谁能说这种气体将来不会变成时髦的奢侈品呢？不过，现在只有两只老鼠和我才有享受这种气体的权利哩！"

这是普里斯特利一生中最重要的发现之一，他用的那种红色粉末是氧化汞。他在氧化汞上用透镜聚集的太阳光加热（不是燃烧），氧化汞被还原为汞，同时释放出氧气。这就是说，普里斯特利通过实验发现了氧气。

可惜普里斯特利当时是化学界中的燃素说学派，这一学派认为物体燃烧是由于其中的燃素被释放出来的结果。当他看到这种新气体表现出能积极帮助木柴燃烧的特性时，认为这必定是一种缺乏燃素而急切地希望从燃烧的木柴中获得燃素的气体，所以他给这种气体命名为脱燃素空气。

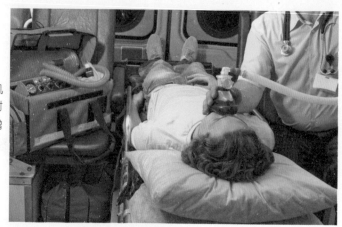

● 处于危险状态的危重患者，机体组织对氧消耗量增加，这时给病人吸入高浓度氧，可以增加氧气的补充。

● 普里斯特利故居中复原的他的实验室。

　　1774年10月，普里斯特利来到巴黎，会见了法国著名的化学家拉瓦锡，并且向拉瓦锡介绍了他新发现的脱燃素空气。拉瓦锡不相信这种解释。为了一探究竟他重复了普里斯特利的实验，也获得了这种新气体。然而他认为这是一种能帮助燃烧的气体，1779年，拉瓦锡在推翻燃素说的同时，将这种被定名为脱燃素空气的气体重新定名为氧。水和空气中都含有大量的氧，氧是生命中不可缺少的元素。

　　这就是氧气被发现和被认识的故事。氧气是如此的重要，可是它却是看不见摸不着的物质，所以发现氧气和研究氧气是件了不起的大事。

　　人们一般公认发现氧气的荣誉属于普里斯特利，1874年8月1日，在发现氧气100周年纪念日那天，成千上万的人聚集在英国伯明翰城，为普里斯特利的铜像举行揭幕典礼；在普里斯特利的诞生地和墓碑前，也有许多科学家和群众前去参观、瞻仰；为纪念氧气的发现，美国化学学会也定在这一天正式成立。

葡萄酒桶里的硬壳——酒石酸的发现

关键词：乙醇／醋菌／氧化／发酸

1770年的夏季，瑞典的天气异常炎热。有一天，斯德哥尔摩城里的沙兰伯格药房运进了几大桶葡萄酒。

工人们连忙把沉重的酒桶从马车上卸下来，这时，药房里一位年轻的药剂师走了过来。他打开桶盖，浓郁的酒香扑鼻而来。他又仔细看了看，突然发现桶壁上结了一层厚厚的淡红色硬壳。在好奇心的驱使下，这位年轻的药剂师刮下一些硬壳，拿回了自己的房间。因为他想弄明白这红色的硬壳到底是什么东西。

卡尔·威廉·舍勒。

这位药剂师名叫卡尔·威廉·舍勒，他家境贫寒，从15岁开始就到药房当学徒。好学的舍勒利用沙兰伯格药房的丰富藏书和工作的便利条件，自学了许多化学知识，还亲自动手检验了不少物质的化学性质。

这天晚上，舍勒兴冲冲地喊来了他的朋友莱齐乌斯。莱齐乌斯是位年轻的大学生，同舍勒志趣相投，他们经常在一起讨论问题，做各种实验。舍勒拿出从酒桶里刮下的硬壳，问莱齐乌斯是否知道这是什么东西。莱齐乌斯琢磨了半天，没认出来是什么。

于是他们用加热的办法把硬壳溶解在硫酸里，等冷却后析出了一种晶莹透明的晶体。舍勒大胆地用舌头轻轻舔了舔这块晶体，它有一种类似酸葡萄的味道。他们又把晶体溶解在水里，经过几次实验，发现它有许多酸的性质。于是，舍勒和莱齐乌斯便给它取名为酒石酸。

日积月累

酒石酸是一种羧酸，存在于多种植物中，如葡萄和罗望子，也是葡萄酒中主要的有机酸之一。作为食品中添加的抗氧化剂，可以使食物具有酸味。酒石酸最大的用途是做饮料添加剂。它也是药物工业原料。在制镜工业中，酒石酸是一种重要的助剂和还原剂，可以控制银镜的形成速度，从而获得均匀平滑的镀层。

成功提取酒石酸后，两位年轻人兴致勃勃地将他们的发现写成论文，寄给了瑞典皇家科学院。舍勒等了很久，大概是因为他们是无名小辈，因而没有接到皇家科学院的答复。

不过，舍勒并没有因此灰心。他想，自然界的植物中，一定还有许多不为人知的酸。于是，他按照发现酒石酸的方法，从植物中提取了许多种酸：

1776 年，制得草酸；

1780 年，制得乳酸和尿酸；

1784 年，制得柠檬酸；

1785 年，制得苹果酸；

1786 年，制得没食子酸……

此外，舍勒在 1773 年就发现了氧气，他根据氧气能帮助燃烧的性质，给新气体取名火气。可惜，他的研究著作《火与空气》在出版付印时，被拖延了 3 年，直到 1777 年才与读者见面，而这时普里斯特利的发现已世人皆知了（事实上，他是在 1774 年发现的氧气，比舍勒还要迟一年）。所幸的是，科学界都承认舍勒也是氧气的独立发现人之一。

舍勒还于 1774 年发现了氯气。舍勒在研究软锰矿（主要成分是锰）的过程中，将它与浓盐酸共热，产生一种黄绿色气体，该气体有强烈的刺鼻气味。舍勒对这种气体进行了研究，但他受当时流行的学说——燃素说（后来被证明是错误的）影响，未能认出这种气体的庐山真面目。

🔵 卡尔·威廉·舍勒的雕像。

氢气的发现与认识过程

关键词：氢气 / 勒梅里 / 可燃 / 爆炸

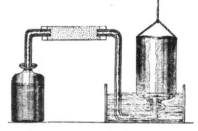

● 卡文迪许制取和收集氢气的装置。

17世纪末，著名的化学家勒梅里在一次实验时，偶然发现了氢气。勒梅里将一个盛有350毫升 1：4 的稀硫酸的长颈烧瓶放在炉子上加热，然后将40克铁屑分几次投进热硫酸溶液中。铁屑很快被溶解了，并冒出大量气泡。当勒梅里将一支燃烧着的蜡烛移进瓶口时，忽然发出一声尖锐的爆鸣声，把勒梅里吓了一跳。接着，烛火被"炸"灭了，而烧瓶内的气体却燃烧了起来，长颈瓶口如同一个火炬，时间长达一刻钟之久。勒梅里大为兴奋，知道自己又有一个新的发现了，他把这种可以燃烧的气体叫作可燃性空气。可惜的是，他以为事情已经结束，便没有进行进一步研究和深入的探索。

首先对这种气体进行认真研究的是英国一位热衷于实验的化学家亨利·卡文迪许。他制取了纯净的可燃性空气，研究了它的性质，测定了它的密度，并明确指出这是一种和空气不同的气体，但他没有为这种气体取一个更为准确的名字。

1766年，卡文迪许发表了关于可燃性空气的专门论述。在他的论述中，阐述了制取可燃性空气的多种方法，还指出它不仅可以用铁和硫酸相互作用来制取，而且用铁、锌、锡与盐酸，或者锡、锌与硫酸相互作用都会产生这种气体。他率先确定：这种气体不能支持动物的呼吸，如果把它和空气混合，点燃时会发生激烈的爆炸。

此外，卡文迪许还做了若干定量实验。他发现，用一定量的某种金属和足量的各种酸作用，所产

● 卡文迪许像，据说是画家大卫·亚历山大偷画的。

日积月累

氢是原子序数为 1 的化学元素，化学符号为 H，在元素周期表中位于第一位。其原子质量为 1.00794u，是最轻的。同时氢也是宇宙中含量最多的元素，大约占了宇宙质量的 75%。但在地球上，自然条件下形成的游离态的氢单质相对罕见。常温常压下，氢气（H_2）是一种极易燃烧、无色透明、无臭无味的气体。

● 确定"氢"名称的科学家拉瓦锡。

生的可燃性空气的量是固定的。他还测定了可燃性空气和普通空气混合后点燃会产生最大爆炸力的体积比，并测量了爆炸时音响的大小。

不过，虽然卡文迪许专门研究了可燃性空气，但对于点燃这种气体为什么会爆炸，以及燃烧的产物是什么，他却回答不出来。

1776 年，法国化学家马柯将锌与稀硫酸作用制取的可燃性空气通过细管导出后点燃，并在火焰上方放置一个小瓷盘。他期待着在瓷盘上会出现黑色灰烬，以便进行研究。但实验结果使他大失所望，瓷盘上一点烟烬的痕迹也没有，却出现了小水滴。遗憾的是，马柯没有去想想水滴是从哪儿来的，便放弃了继续研究。

幸运、敏感的拉瓦锡在 1783 年重复了马柯的实验，他在氧气中点燃可燃性空气，同样也得到了水滴。不同的是，拉瓦锡没有放过这一现象，他敏锐地意识到，水可能是可燃性空气和氧气化合后的产物。他又想，能不能把水分解成它原来的组成成分呢？为了证实自己的设想，拉瓦锡又开始了新的实验。他把铁屑装在一个拆下来的枪筒里，把枪筒放在炉子上加热，让水蒸气从枪筒一端通过去，在另一端，他真的收集到了可燃性空气。当他把枪筒里的铁屑抖落在纸上时，发现铁屑已经变成铁和氧的化合物了。

从实验来看，水中含有可燃性空气的成分。但事情并没有结束。拉瓦锡又想，能不能让可燃性空气再通过烧红的氧化铁，从而得到水呢？实验结果又符合了他的设想。就这样，拉瓦锡确定了水跟可燃性空气的关系。

1787 年，拉瓦锡给可燃性空气确定了一个新的、正确的名称——氢。它的含义是水之源。至此，氢才算被人们真正认识。

铅与古罗马宫廷的灾难之谜

关键词：铅／古罗马／灾难／毒素

古罗马帝国曾是称霸世界的一大强国。然而，在经历了 100 多年的鼎盛时期之后，古罗马帝国却每况愈下，内外征战频繁，人口减少，城市衰退，国民饱受贫困之苦。终于，在外侵内乱的形势下走向灭亡。近年来，对显赫一时的古罗马帝国迅速衰亡之谜的研究，已经超出了单纯历史学的范畴。国外某些化学家认为，古罗马帝国葬送在铅的手中。

在攻占古希腊后，古罗马人发现，涂铅的器皿不再像铜器那样会随着时间的推移而生出令人厌恶的绿锈；如果把铅粉加入罗马人爱喝的葡萄酒中，可以除掉酸味并使酒醇香甘美；把蜂蜜加到这类闪光的容器中加热，还可以止泻治病。

更让古罗马女性看重的是，铅粉可以制成化妆品，能使女性的皮肤看起来白皙细嫩，更加漂亮。于是，古罗马女性乐此不疲，长期使用铅来美白皮肤，这样就使得铅蓄积在骨骼和软组织中，特别是脑中，导致人体生理功能下降，幼儿智能低下，行动异常。

蓄积在古罗马人体内的铅毒在下一代人中充分发挥了杀伤力。铅毒在充分享用当时的铅文明的贵族中像瘟疫一样蔓延。结果，古罗马特洛伊贵族 35 名结婚的王公有半数不育。其余人虽能生育，但所生的孩子几乎个个都是低能儿或痴呆儿。

几代以后，古罗马皇室就再也找不到嫡亲的可以传位的子女了。于是古罗马统治集团日益衰退，古罗马帝国最终遭遇了灭顶之灾。

相关链接

1981 年 2 月新闻中报道了美国西雅图出现的一起家庭铅污染事故。一个两口之家中，妻子突然出现典型的铅中毒腹绞痛，开始却因没有铅的接触史而被误诊。丈夫为此查阅了大量资料后，要求作血、尿的铅检测才得到确诊。丈夫追忆 3 年前自己也曾出现腹泻、腹痛、易激动、体重减轻等铅中毒症状，也要求作尿铅、血铅检测，同样被确诊为铅中毒。然后，他们试图找出中毒的原因。首先考虑的是自来水管，但那是镀锌的。妻子是画家，颜料含铅，但丈夫从不接触。当种种因素被排除后，他们想起涂釉彩咖啡杯。经测定，在倒入热咖啡时，每 100 毫升咖啡中的含铅量达到 8 毫克。平时，夫妇俩用这样的杯子每天饮 8 次咖啡，进入体内的铅要比美国食品药品管理局规定的标准高出 400 倍，从而导致了慢性铅中毒。

古罗马时期的铅制水管。当时城市用于输送饮用水的水管就是用铅做成的，对人们的身体造成了极大的伤害。

日积月累

铅的化学符号是Pb，原子序数为82。铅是柔软、延展性强的弱金属，也是重金属，有毒。铅的本色为青白色，在空气中表面很快被一层暗灰色的氧化物覆盖。铅可用于建筑材料、铅酸蓄电池、枪弹和炮弹、焊锡、奖杯和某些合金。铅是多亲和性毒物，它对人的全身各个系统都有毒性，除消化系统外，还严重影响到生殖系统、神经系统等。并且铅的致毒剂量很低，每日摄入1毫克即危险，同时难于排解。铅中毒后不仅有失眠、头痛、乏力等体质消退和不适症状，还能导致不孕不育。

2000多年后，在考古学、毒理学、环境化学、古尸分析法检验的基础上，解开了生活中含铅食品和用具给古罗马宫廷带来的灾难之谜。现代研究表明，葡萄酒不发酸，是由于生成了带甜味的醋酸铅，而且铅能杀死发酵的微生物；加热蜂蜜止泻是因为溶出的铅抑制消化道的运动，是一种毒性反应。

据考古学家发现，古罗马人的遗骸中含有大量的铅，这是因为一方面铅直接进入人体；另一方面，古罗马人的饮水中富含二氧化碳，它与铅反应生成可溶性的酸式碳酸铅，然后进入人体，与骨骼中的钙发生置换反应，并引起种种慢性疾病，如消化功能紊乱、腹肌痉挛、贫血、视力障碍、神经麻痹、精神错乱等。难怪在公元1世纪时统治古罗马的诸君主都患有这样那样的慢性病和精神疾病,古罗马贵族的平均寿命还不到25岁！试想,这样的健康状况,怎能运筹帷幄、驰骋疆场、定国安邦呢？

金属铅。

梦里的怪蛇——苯环结构的发现

关键词：凯库勒 / 梦 / 怪蛇 / 苯环

在化学史上，人们从发现一种物质到对其性质、结构有充分的认识，往往需要一个漫长的过程，对苯的认识就是这样的。

1825 年，法国科学家法拉第用蒸馏法从煤气钢筒底部的油状凝聚物里，分离出一种芳香四溢的碳氢化合物——苯。后来在 1833 年，米修里希·伊尔哈得确定了苯分子中 6 个碳和 6 个氢原子的结构式（C_6H_6）。

没想到，化学家们在探讨苯的分子结构时遇到了麻烦：6 个碳原子和 6 个氢原子是怎样结合成苯分子的呢？长期以来，许多化学家一直想把苯分子的结构式表达出来，可是，他们苦思冥想，也没有想出什么结果，这道化学上的难题始终困扰着一代又一代的化学家。

德国化学家凯库勒决心攻克这个难关。他曾先后考虑过几十种 6 个碳原子和 6 个氢原子结合的方式，他还经常闭上眼睛想象在碳原子组成的长链上添加或去掉原子后一个分子奇妙地变成另一个分子的情况，但仔细推敲后又摒弃了这种假想。

分离出碳氢化合物苯的法国科学家——法拉第。

相关链接

凯库勒（1829—1896），德国有机化学家，出生于一个旧式波希米亚贵族家庭。他 1847 年进入吉森大学就读，在李比希的影响下选择攻读化学，1856 年起在海德堡大学担任讲师，1858 年赴根特大学担任全职教授，1867 年起在波恩大学任教授。他广泛研究含碳化合物，尤其是苯，并提出了苯的环状结构。1895 年，凯库勒被德皇威廉二世封为贵族。最初的 5 届诺贝尔奖化学奖得主中，他的学生占了 3 届。

德国化学家凯库勒。

DEUTSCHE BUNDESPOST

Kekulé

C₆H₆

100 JAHRE BENZOLFORMEL

10

1964 年联邦德国为纪念发现苯环结构而发行的邮票。

凯库勒被这种思考弄得疲惫不堪。一天夜晚，他执笔写《化学教程》，但思维总是不断地转向，写得很不顺利。他搁下写满字的厚厚的一叠纸，把安乐椅移近壁炉，想休息一下。这时他感到周身暖洋洋的，便朦胧地入睡了，并渐渐进入了梦乡。在梦中，他看到一群原子旋转了起来：碳原子形成的长列像一群蛇一样，互相缠绕，边旋转边运动。突然间，一条"蛇"像被什么东西激怒似的，狠狠地咬住自己的尾巴，后来便衔住尾巴不动了。

凯库勒一下子从梦中惊醒过来，梦中的情景在他的眼前浮现……尽管梦只一瞬间，但这是个多么有趣离奇的梦啊！凯库勒从梦中看到的那条首尾相接的"蛇"受到启发，并匆匆记在纸上。这样，苯的环状分子结构终于被他弄清了。梦中的发现使他在科学界一举成名。

日积月累

　　苯在常温下为一种易燃的、有香味的无色液体。同时，苯有很强的毒性，也是一种致癌物质。苯是一种碳氢化合物，也是最简单的芳烃。它难溶于水，易溶于有机溶剂，本身也可作为有机溶剂。苯是一种石油化工基本原料。苯的产量和生产的技术水平是一个国家石油化工发展水平的标志之一。苯具有的环系叫苯环，是最简单的芳环。苯分子去掉一个氢以后的结构叫苯基，用 Ph 表示，因此苯也可表示为 PhH。

使人发笑的气体

关键词：笑气/一氧化氮/麻醉/医疗

有一种神奇的气体，它能使所有人像这样开心地笑。

　　在某中学的趣味化学表演会上，主持人对台下的师生说："我今天能使大家都哈哈大笑。"随后便做了几个滑稽动作，引起了一阵笑声。他接着问："大家都笑了吗？有谁没有笑？"此时，台下有一位学生举起了手说他没有笑，主持人一边把那个学生请到台上，一边说："这个同学肯定是笑点太高。"

　　等那个学生站定了，主持人问他："平时你就不爱笑，是吗？"那个同学回答说："嗯，一般的笑话或者俏皮动作都很难逗笑我。"

　　主持人学着小沈阳的腔调，又问："为什么呢？"

　　台下又有不少人被主持人搞怪的声音逗笑了，那个同学一本正经地回答说："我觉得平时学习太苦了，都没什么能逗我笑的事。"

　　主持人又问道："你确定这会儿无论我说什么、做什么，你都能不笑？"

　　那个同学很自信地点了点头。这时，主持人从口袋中拿出一个玻璃瓶对那个同学说："你闻一闻这瓶里是什么气味。"那个同学大胆地打开瓶塞，将瓶口对着鼻子吸了几下。嗬！奇迹出现了，那个同学开始情不自禁地哈哈大笑起来，从而引得台下的观众也好奇地跟着他笑了起来。

等大家笑完以后，主持人才向大家透露了其中的奥秘。

原来瓶里装着一种无色的气体，学名叫一氧化二氮，因为这种气体能使人发笑，因而人们常称它为笑气。随后，主持人还跟同学们分享了下面的故事：

1800 年的一天，英国化学家戴维在实验室中制得了一种气体，为了弄清楚这种气体的一些物理性质，他凑近瓶口闻了闻，突然就大笑起来，使得在场的另一位同事觉得莫名其妙。这时戴维让他的同事也闻了一下，那人也大笑起来。于是，戴维便发现了笑气。

1844 年的某一天，有一位自称"化学魔术师"的人别出心裁地利用笑气做了一个广告："明日上午 9 时在市政府大厅进行一场吸入笑气的公开表演，本人为公众准备了一些笑气，可以供 20 名志愿者使用，同时派 8 名大汉维持秩序，以防发生意外，望公众踊跃观看，在笑声中获得新奇感和精神上的满足。"

这一广告张贴出来后，果然迎合了无数猎奇者的心理，人们争先恐后买票来看这场令人捧腹大笑的表演，当场就有 20 名志愿者上台。当他们吸入了笑气后，个个都哈哈大笑，有的还放声歌唱、手舞足蹈，做出各种稀奇古怪的动作，观众看了他们的样子，也个个笑得直不起腰来，大厅内一片混乱。

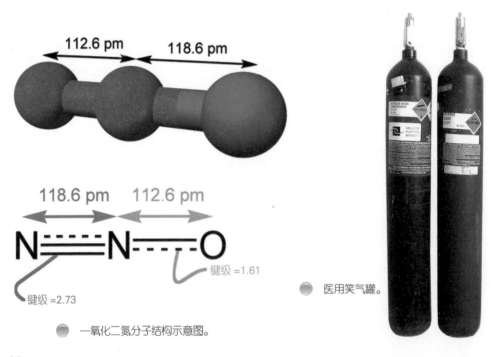

112.6 pm   118.6 pm

118.6 pm   112.6 pm

N≡N－O

键级 =1.61

键级 =2.73

一氧化二氮分子结构示意图。

医用笑气罐。

当时，有一名青年吸了笑气后，不仅大笑大叫，而且还身不由己地狂蹦乱跳，不顾 8 名大汉的阻挡，从高台上往下跳，结果大腿骨折，而那名青年却毫无痛苦的感觉，仍然大笑不止。

这时会场上有一名年轻的牙科医生，看到这名伤员毫无痛苦的情景，立即想到这种笑气不但能使人发笑，肯定还有麻醉镇痛的作用，不然这名青年腿骨折了怎么不感到疼痛呢？如果我用这种笑气来作为拔牙时的麻醉剂，一定也能取得同样效果。后来，那位牙科医生在为牙病患者拔除龋齿时也用笑气进行麻醉，牙病患者果然也毫无疼痛感觉。不过，使用剂量要掌握适当，否则会使患者狂笑不止，难以进行手术。

从此，笑气在麻醉学的领域里又创造了新的发展天地。

1. 硝酸铵
2. 本生灯（加热至 200℃）
3. 一氧化二氮（N_2O）+ 水蒸气
4. 试管帽
5. 导管
6. 热水（N_2O 会溶入冷水中）
7. 有 0.5 英寸孔的金属薄板，把
   导管插入孔中
8. 用烧杯收集纯净的 N_2O

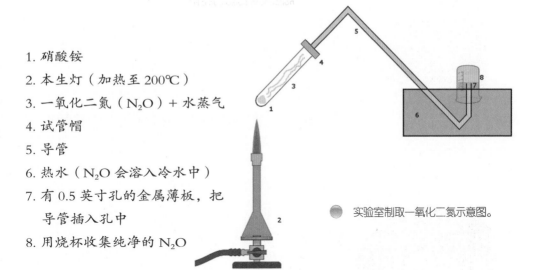

实验室制取一氧化二氮示意图。

日积月累

一氧化二氮无色，味甜，又称笑气（由于吸入它会感到欣快，并能使人发笑）。它是一种氧化剂，化学式是 N_2O，在一定条件下能支持燃烧，但在室温下稳定，有轻微麻醉作用，现用在外科手术和牙科中起麻醉和镇痛作用。一氧化二氮能溶于水、乙醇、乙醚及浓硫酸。它也可以用来作为火箭和赛车的氧化剂，以及增加发动机的输出功率。需要注意的是，一氧化二氮是一种强大的温室气体，它的效果是二氧化碳的 296 倍。

"狗猛酒酸"之谜——醋菌的作用

关键词：乙醇/醋菌/氧化/发酸

液态醋酸是一种无色液体（摄影：W. Oelen）。

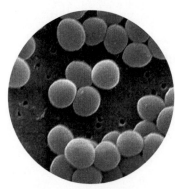

一种醋杆菌属细菌。

韩非子在《外储说右上》中讲了一个"狗猛酒酸"的故事。

故事里说，宋国有个人开了一家酒店，专门出售佳酿。这家酒店窗明几净，买卖公平，行人远远就能瞧见酒幌高悬，而这家店主也礼貌待客，热情周到。可是，顾客偏偏很少，门庭冷落，致使很多好酒卖不出去，都发酸变质了。

这是为什么？店主苦思冥想找不出原因来。只好去请教一位叫杨倩的老头儿。

杨倩沉思了一会就问他："你家狗凶不？"店主挺纳闷地说："狗是凶啊，可这跟买酒有什么关系呢？"

杨老头捻着胡须笑道："恶狗守在店门口，见人就咬，酒再好还有谁敢来买呢？人家都怕你家的恶狗，你的酒怎么能不酸呢？"

这里，我们要探讨的问题是：为什么放置时间长的酒会变酸呢？

显然，这是因为发生了化学反应。那么，是什么样的化学反应呢？

酒，主要是乙醇的水溶液，所以乙醇的俗名又叫酒精。在空气中，随着尘埃飘浮着一种醋菌，当醋菌掉在酒中并大量繁殖时，便会促使酒发酵，使乙醇与空气中的氧气缓慢地发生氧化反应。乙醇先被氧化成乙醛；乙醛又继续被氧化成乙酸。乙酸的俗名叫醋酸。酒变酸的原因就是因为酒中的部分乙醇转变成醋酸的缘故。这一过程的化学反应方程式如下：

1. $2CH_3CH_2OH+O_2 \xrightarrow{\text{发酵}} 2CH_3CHO+2H_2O$

2. $2CH_3CHO+O_2 \xrightarrow{\text{发酵}} 2CH_3COOH$

苹果、梨烂了后，往往有股酸味，这也是醋菌在作怪。醋菌使水果中的果糖发酵生成乙醇，又促成乙醇经一系列的氧化而变成醋酸。

"绍兴老酒，越陈越香"的原因也与醋菌有关。将绍兴老酒密封保存之后，坛子里的酒在醋菌的作用下，少量被氧化生成醋酸。这部分醋酸又能与酒精缓慢地发生酯化反应，生成具有香蕉味的乙酸乙酯香料。日子越久，生成的乙酸乙酯越多，酒也越香。化学反应方程式如下：

$$CH_3COOH + CH_3CH_2OH \rightarrow CH_3COOC_2H_5 + H_2O$$

日积月累

醋酸，也叫乙酸，化学式为 CH_3COOH，是一种有机一元酸，为食醋内酸味及刺激性气味的来源。纯的无水乙酸（冰醋酸）是无色的吸湿性液体，凝固点为 16.7℃，凝固后为无色晶体。尽管根据乙酸在水溶液中的解离能力来说它是一种弱酸，但是乙酸是具有腐蚀性的，其蒸汽对眼和鼻有刺激性作用。

乙酸的凝固结晶。

63

女神开门了——钒的发现

关键词：钒/维勒/有色金属/女神

钒铅矿石晶体（摄影：Vassil）。

相关链接

颜色奇异的血液

我们都知道，绝大多数高等动物（包括人类在内）的血液都是鲜红色的，那是因为高等动物的血液中含有呈现红色的铁离子。

但在自然界中还有许多低等动物的血液是蓝色的，在高等动物与低等动物之间还有一些动物的血液是绿色的，这又是为什么呢？

原来，那些低等动物的血液中含的是铜离子，而铜离子的溶液是蓝色的（如硫酸铜溶液就是天蓝色的），因而它们的血液是蓝色的。至于那些血液呈现绿色的动物，是因为它们的血液中含有呈现绿色的三价钒离子。

翻开元素周期表，我们发现，第23号元素是有色金属钒。钒的发现者，是瑞典化学家塞夫斯德朗。说起钒的发现，还有一段耐人寻味的故事。

1830年，瑞典化学家塞夫斯德朗在研究斯马兰矿区产的铁矿时发现，用这种矿石炼出的铁一用盐酸溶解，就会残留下一些黑色颗粒。这里炼出来的铁，质地较软，富于韧性，不像一般生铁那么脆。同年4月，他又仔细地研究了黑色残渣，知道其中含有氧化硅、铁、氧化铅、石灰、铜、铀和另外两种物质。5月，塞夫斯德朗和柏济力阿斯共同研究残渣，他们认为在黑色残渣中含有一种新元素，这种新元素至少可以形成三价和五价两类化合物。因其化合物的颜色很漂亮，所以就将这种新元素命名为Vanadium（钒），因为传说古代希腊有一位美丽的女神就叫Vanadis（凡娜迪丝）。

然而，在塞夫斯德朗之前，有另一位化学家却与钒的发现失之交臂。他就是德国著名化学家维勒。1829年，维勒在分析一种墨西哥出产的铅矿时，已经发现了钒。由于钒是一种稀有元素，提纯起来很困难，加上当时维勒身体状况也不大好，他就没有继续研究下去。

维勒听说瑞典化学家塞夫斯德朗发现钒元素之后，对自己痛失发现新元素的机会感到很失望，于是，他把事情的经过写信告诉了他的老师柏济力阿斯。老师给他写了一封巧妙的回信：

"在遥远的地方，有一位美丽的女神，叫凡娜迪丝。有一天，女神正在房里休息，她听见了敲门声。她心想：会是谁呢？女神没有马上起身开门。结果那敲门的人悄然离开了。女神很奇怪：是谁这么没有耐心？她跑到窗前一看，哦，原来是维勒。过了一阵，又有人来敲门了。这次，敲门声持续了很久，终于把女神感动了，于是她开门接纳了这位耐心的敲门人。他就是塞夫斯德朗。"

看完了这个故事，维勒的心久久不能平静。

日积月累

钒是一种银白色化学物质，它的化学元素符号是 V，原子序数是23。钒是一种稀有的、柔软而黏稠的过渡金属。它的矿物一般与其他金属的矿物混合在一起。它一般被用在材料工程中作为合金的成分。

钒有延展性，质地坚硬，无磁性。耐盐酸和硫酸，其耐气、盐、水腐蚀的性能要比大多数不锈钢还好。

由于钒优异的物理和化学性能，因而用途十分广泛，有"金属维生素"之称。最初，钒大多被应用于钢铁工业中，用以提高钢的强度、韧性和耐磨性。后来，人们逐渐又发现了钒在钛合金中的优异改良作用，就将其应用到航空航天领域，从而使得航空航天工业取得了突破性的进展。目前，钒的使用范围涵盖了航空航天、化学、电池、颜料、玻璃、光学、医药等众多领域。

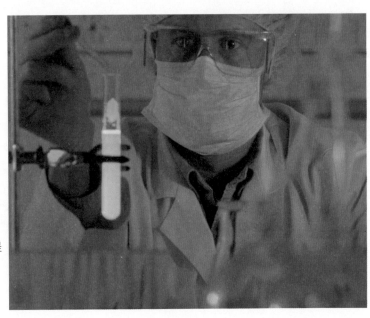

化学研究中最需要的是锲而不舍的精神。

令人烦恼的钽元素

关键词：坦塔拉斯／钽／新元素／铌

日积月累

钽在元素周期表中原子序数为73，属于 V_B 族的金属，元素符号为Ta。它主要存在于钽铁矿中，同铌共生。钽呈现蓝灰色，质地十分坚硬，富有延展性，可以拉成细丝式制薄箔。

钽是高熔点金属，其熔点高达2996℃，并且，其热膨胀系数很小。

钽有非常出色的化学性质，具有极高的抗腐蚀性。无论是在冷和热的条件下与盐酸、浓硝酸及王水都不发生反应。因此，钽可用来制造蒸发器皿等，也可做电子管的电极、整流器、电解电容。医疗上用来制成薄片或细线，缝补被破坏的组织。

在古希腊神话里，有这样一个故事：天神宙斯的一个儿子坦塔拉斯因为泄露了父亲的机密而受到惩处，被罚终日站在湖中。

深深的湖水一直淹到坦塔拉斯的脖子，然而当他感到口渴，想要低头喝水时，湖水便退落下去了；他的身旁有一棵茂盛的果树，果子就长在他的头顶，但是当他饿了，想去摘果子吃时，那果树就上升了。结果，坦塔拉斯虽然站在水中，却口干如火，虽然有果树在身旁，却饥饿难熬。

有一种化学元素叫钽，就是用坦塔拉斯的名字来命名的。

钽是一种银白色的金属，它最突出的特点是有极强的耐腐蚀性，任何强酸强碱它都不怕，甚至煮沸的王水对钽也无可奈何。钽置身于酸碱之中，却不受酸碱的影响。

● 金属钽。

令人惊异的是，发现钽元素的竟是一个终生残疾的人，他叫安德斯·古斯塔法·埃克博格，是瑞典化学家和矿物学家。

埃克博格幼年时，在一次重病之后，耳朵几乎聋了。后来，因为在实验中发生爆炸，他又失去了一只眼睛。这对一个健全人来说，是多大的打击啊！但埃克博格并没有因此灰心丧气而放弃科学研究，就在他眼睛失明的第二年——1802 年，在分析斯堪的纳维亚半岛的一种矿物时，他发现了金属元素钽。

钽与另一种金属元素铌的性质非常相似，含钽的矿物中几乎都有铌，而含铌的矿石里也一定可以找到钽，它们简直像一对孪生兄弟，用一般的方法很难区分开来。因此，当埃克博格宣称发现了钽时，许多人都不以为然，他们认为钽就是一年前被发现的铌，根本不是什么新元素。显然，这是由于两种元素的性质太相像了。这件事使埃克博格十分扫兴，他给新元素取名坦塔拉斯，是因为这个名字还有"令人烦恼"、"可望而不可即"的意思。

钽和铌究竟是不是同一种元素呢？很多人说是，甚至当时一些著名的化学家都这样认为，但也有人说不是，这个问题争论了整整 40 年！钽，真是一种"令人烦恼"的元素！直到 1844 年，德国化学家罗泽对钽铁矿和铌铁矿做了大量的透彻的分析研究后，终于分离了钽和铌。这时，科学界才正式承认钽是一种新元素。

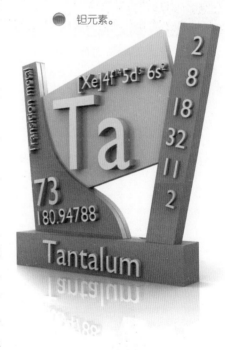

● 钽元素。

水果解酒的道理

关键词：酯化反应／解酒／水果／有机酸

● 醉酒的人。

日积月累

乙醇，结构简式为 CH_3CH_2OH，是醇类的一种，它是酒的主要成分，所以又称酒精，有些地方俗称其为火酒。化学式也可写为 C_2H_5OH 或 EtOH，Et 代表乙基。乙醇易燃，是常用的燃料、溶剂和消毒剂，也用于制取其他化合物。工业酒精含有少量甲醇，医用酒精主要指浓度为 75% 左右的乙醇，也包括医学上使用广泛的其他浓度酒精。

喝酒可能导致头晕，头疼，呕吐，甚至会不省人事，醉酒者要经受很大的痛苦，这个时候需要尽快醒酒，以减少醉酒带来的痛苦，并防止有可能出现的更大伤害。醉酒多有先兆，话语渐多、舌头不灵、面颊发热发麻、头晕、站立不稳……这都是醉酒的先兆。不少人知道，吃一些带酸味的水果或饮服一些食醋可以解酒。这是什么道理呢？

这是因为，水果里含有有机酸。例如，苹果里含有苹果酸，柑橘里含有柠檬酸，葡萄里含有酒石酸等，而导致醉酒的主要成分是酒中含有的乙醇，有机酸能与乙醇相互作用而形成酯类物质，从而达到解酒的目的。

同样道理，食醋也能解酒是因为食醋里含有 3% ~ 5% 的乙酸，乙酸能跟乙醇发生酯化反应生成乙酸乙酯。

尽管带酸味的水果和食醋都能使过量乙醇的麻醉作用得以缓解，但是上述酯化反应比较复杂，而且在人体内进行时受到多种因素的干扰，效果并不十分理想。因此，防醉酒的最佳方法还是不贪杯。

● 苹果、葡萄等水果可以解酒。

雨衣的发明

关键词：雨衣／橡胶／防雨／麦金杜斯

　　下雨打伞有几千年的历史了。打着伞走路还可以，可干活却不方便。我国古代早就有了用棕丝编织的蓑衣，这可能是最早的雨衣。但是用橡胶制作雨衣，还是近代的事，它得益于橡胶的发现。

　　自从哥伦布在南美发现橡胶，并把它带回欧洲后，100多年来人们始终不知它有什么用处，只能让它在博物馆里供人参观。1770年，英国化学家普里斯特利发现它能擦去铅笔字迹，就给它起名为"擦"（rubber），这就是如今英文中橡胶还叫"rubber"的原因。

　　又过了45年，一个叫麦金杜斯的英国工人偶然发现橡胶的另一个用处——做防雨衣服。麦金杜斯生于苏格兰的一个工人家庭，贫穷的家境使他在少年时代就进工厂做工了。他很聪明，也很爱学习，虽然工作十分繁重，但他稍有闲暇便跑到图书馆"啃"书本。麦金杜斯希望自己有朝一日能成为科学家。

● 雨衣的发明者——
　麦金杜斯。

　　1823年，麦金杜斯到一家制橡皮擦的工厂做工。当时，生产橡皮擦的工序非常简单：把从南美运来的生橡胶倒在大锅里熬煮，等熔化后再加入一些漂白剂漂白，然后倒在制橡皮擦的模型中，等它冷却下来就凝结成一块块橡皮擦了。

　　有一天，麦金杜斯正端起一大盆熔化的橡胶汁，一不小心，脚底下绊了一下，他急忙稳住身子，好在橡胶汁没打翻，他也侥幸没被烫伤，但衣服前胸却沾满了橡胶汁。由于这一天工作特别忙，麦金杜斯没有立即去换衣服；等下班时天色已晚，他也没换衣服，就匆匆地走了。

穿上雨衣和小雨鞋，再也不怕下雨喽。

就在麦金杜斯回家的路上，忽然下起大雨来。倾盆大雨将麦金杜斯淋成了一个"落汤鸡"。回到家，他赶紧换衣服。就在这时他突然发现，被橡胶汁浇过的前襟，竟然没有被雨水打湿。这真是一个意外的发现。机会总垂青有准备的人，善于捕捉灵感的麦金杜斯抓住了这个机会。他灵机一动，索性将整件衣服都涂上橡胶汁，结果就制成了一件能挡雨水的衣服。有了这件新式衣服后，麦金杜斯再也不愁老天下雨了。

这件新奇的事儿很快就传开了，工厂里的同事们知道后，也纷纷效仿麦金杜斯的做法，制成了能防水的胶布雨衣。

后来，胶布雨衣的名声越来越大，引起了英国冶金学家帕克斯的注意，他也兴趣盎然地研究起这种特殊的衣服来。

帕克斯感到，涂了橡胶的衣服虽然不透水，但又硬又脆，穿在身上既不美观，也不舒服。帕克斯决定对这种衣服作一番改进。

没想到，这一番改进竟花费了十几年的功夫。直到1884年，帕克斯才发明了用二硫化碳做溶剂，溶解橡胶，来制取防水用品的技术，并申请了专利权。为了使这项发明能很快地应用于生产，转化为商品，帕克斯把专利卖给了一个叫查尔斯的人。随后，这种雨衣便开始被大量地生产出来，"查尔斯雨衣"的商标也很快风靡全球。

虽然现在已经出现了很多材质更先进、样式更新颖、颜色更靓丽的雨衣，像塑料雨衣、尼龙涂塑雨衣等，但麦金杜斯发明橡胶雨衣的功绩却是不可磨灭的，人们并没有忘记他的功劳，直到现在，"雨衣"这个词在英语里仍叫作"麦金杜斯"（mackintosh）。

北美的"鬼谷"之谜

关键词：北美/鬼谷/灾难/硒

在北美洲有一块宽阔谷地，那里土壤肥沃，气候温和，却一直荒芜着。印第安人把这片土地叫作"鬼谷"，白人将这片土地称作"被上帝抛弃的地方"。

原先，印第安人的祖先发现了这片土地，他们在那里开垦荒地、辛勤耕耘、种植庄稼、饲养家畜。到了秋天，他们喜获丰收。当他们吃着自己辛勤劳动获得的果实，庆幸自己找到了沃土时，不幸的灾难却已经悄无声息地降临到这群拓荒者的身上了：一些人美丽的头发脱落了，一些人明亮的眼睛瞎掉了，一些人莫名其妙地死去了，连他们饲养的家畜也是如此。自此"鬼谷"的说法一直延续了100多年，无人能够破解。

100多年后，随着科学技术和检测手段的发展，有几位敢于探险的科学家带着自己的勘测仪器、粮食和水来到了这块骇人听闻的神秘谷地。

他们经过全方位的勘测和化验，通过科学的分析和取样，终于揭开了"鬼谷"的神秘面纱，公布了困扰了人们100多年的谜底：原来这里的土地和水缺乏植物生产所必备的硫元素（S），却大量含有一种非金属元素硒（Se）。硒元素虽对植物没有伤害，植物的外观长势不错，籽粒还算饱满，但富含硒元素的粮、草、水却对人和动物有着很大危害性。因为，如果人和动物体内硒元素过量，就会发生硒中毒。中毒的症状包括：反胃、呕吐、疲劳、腹泻、头发与指甲损坏，会有异常刺痛感等，也会干扰硫的正常代谢以及抑制蛋白质合成，严重过量会导致肝硬化、肺水肿，甚至丧命。

日积月累

硒是一种化学元素，它的化学符号是Se，它的原子序数是34，是一种非金属。硒的性质与硫及碲相似，是生物生长所必需的元素，但过量又会导致中毒。它在有光时导电性能较黑暗时好，故常用来做光电池。

硒元素。

硒的同素异形体——黑硒、红硒。

相关链接

同素异形体

同素异形体是指由同样的单一化学元素构成的，因排列方式不同而产生不同的物理性质与化学性质的单质。

如磷的两种同素异形体——红磷和白磷，它们的着火点分别是240℃和40℃，充分燃烧后的产物都是五氧化二磷；白磷有剧毒，可溶于二硫化碳，红磷无毒，却不溶于二硫化碳。同素异形体之间在一定条件下可以相互转化，这种转化是一种化学变化。

除了磷的同素异形体之外，生活中最常见的，有碳的同素异形体——石墨、金刚石以及 C_{60}（又称富勒烯、足球烯），还有氧元素的两种同素异形体——臭氧和氧气。

现代科学研究表明，硒是人体必需的微量元素之一。如果人体摄取硒严重不足时，就会导致克山症和溪山症。

克山症是一种由于饮食中缺乏微量元素硒所造成的充血性心肌病变症，此病症因在中国北方的黑龙江省克山县高发而得名。克山病的症状主要是扩张性心肌病变，心肌呈变形、坏死或有疤痕形成。这种病好发于孩童和怀孕的妇女，通常来势凶猛。起初，病人会感到头晕、恶心，继而开始强烈呕吐，四肢冰冷，血压降低，呼吸减慢，并会心力衰竭，最终有可能突然死亡。

预防克山症首先要注意环境卫生和个人卫生。保护水源，改善水质。改善营养条件，防止偏食，尤其孕妇、产妇和儿童更应加强补充蛋白质、各种维生素及人体必需的微量元素。实验证实，采用硒酸钠作为预防性服药对控制克山症效果明显。

溪山症的主要病征为骨关节、小腿、手臂的软骨骺板退化与坏死，多发于亚洲低硒地区青春期前儿童与青少年。这种症状仅发生于硒缺乏者，并且，即使改善硒营养状况也无法完全避免。

现在，"鬼谷"之谜已被解开，科学家因地制宜，把它变成一个硒矿场。人们在这片山谷地上种了一种叫紫云英的植物。因为紫云英有一种"吃"硒的本领。时间长了，紫云英的体内就会积累很多硒元素。等紫云英成熟后割下晒干烧成灰，可以提取少量的硒元素。

金属铝史话

关键词：铝／金属／勋章／王冠

英国化学家汉弗里·戴维爵士在1808年首次使用了"Aluminum"这个词，并试图用电解法来获得这种未知金属，但未能成功。

在我们今天的生活中，铝几乎随处可见，从铝制的餐具、房间的把手、天上的飞机、地上的汽车，到我们骑的全铝合金的自行车，衣服中的金银丝，刷在铁栏杆上的"银粉"，都有铝的影子。

然而在100多年前，铝曾是一种稀有的贵重金属，被称为"银色的金子"，比黄金还珍贵。法国皇帝拿破仑三世，为显示自己的富有和尊贵，给自己制造了一顶比黄金更名贵的王冠——铝王冠。他戴上铝王冠，神气十足地接受百官的朝拜，这曾是轰动一时的新闻。每逢举行盛大国宴时，也只有拿破仑三世使用一套铝质餐具，而其他人只能用金质、银质餐具。即使在化学界，铝也被看成最贵重的。英国皇家学会为了表彰门捷列夫对化学的杰出贡献，不惜重金制作了一只铝杯，赠送给门捷列夫。

为什么铝在当时是那样昂贵的稀有金属呢？地壳中含量最丰富的金属是铝，它占整个地壳总质量的7.45%，仅次于氧和硅，位居金属元素的第一位，是居第二位的铁含量的1.5倍，是铜的近4倍。脚下的泥土，随意抓一把，可能都含有许多铝的化合物。但由于铝的化学性质活泼，一般的还原剂很难将它还原，因而铝的冶炼比较困难。从发现铝到制得纯铝，经过了十几位科学家100多年的努力。

燃素学说的创立者施塔尔最早发现明矾里含有一种与普通金属不同的物质。英国化学家戴维试图用电解法来获得这种未知金属，但未能成功。

丹麦物理学家、化学家汉斯·奥斯特，在化学界，普遍认为铝元素是他最先发现的。

法国化学家德维尔改进了维勒的方法，于1854年成功地制得成铸块的金属铝。

1824年，丹麦科学家汉斯·奥斯特将氧化铝与木炭的混合物加强热至白炽状态，再通入氯气，得到液态的氯化铝，然后同钾汞齐作用制成铝汞齐，最后隔绝空气蒸馏除去汞，得到一些灰色的金属粉末。这些金属粉末的颜色和光泽看起来很像锡，后来证明他得到的是一些不纯净的铝。由于奥斯特的实验结果发表在丹麦一个小刊物上，所以没有引起科学界的重视。

汉斯·奥斯特是德国化学家维勒的朋友。1827年维勒到丹麦首都拜访汉斯·奥斯特时，汉斯·奥斯特把制备金属铝的实验过程和结果告诉维勒。维勒回国后立即重复汉斯·奥斯特的实验，发现钾汞齐与氯化铝反应生成灰色的熔渣，除去汞后得到的金属加热时还能产生钾燃烧时的现象，他意识到这不是制备金属铝的好办法。

维勒重新设计方案，从头做起。他用热的碳酸钾溶液与沸腾的明矾溶液发生反应，将所得到的氢氧化铝经过洗涤和干燥以后，与木炭、糖、油等混合，调成糊状，然后放在密闭的坩埚中加热，最后得到了氧化铝和木炭的烧结物，再将这些烧结物加热到红热的程度，通入干燥的氯气，就得到了无水氯化铝。维勒将少量金属钾放在铂坩埚中，然后在它的上面覆盖一层过量的无水氯化铝，并用坩埚盖将反应物盖住。对坩埚加热以后，很快就达到白热的程度。当维勒认为反应已经完成，停止加热，待坩埚冷却后投进水中，却发现坩埚中的混合物并不与水发生反应，水溶液也不显碱性。这说明金属钾已反应完全，剩余的银灰色粉末就是金属铝。

但维勒对制出的少量铝粉并不满意，他坚持把实验进行下去，并不断改进制取方法，终于在1836年分离出小粒状铝。1849年他又制得黄豆大的致密的铝。

1854 年，法国化学家德维尔改进了维勒的方法，用钠做还原剂，成功地制得成铸块的金属铝。

但是，由于钠价格昂贵，用钠做还原剂生产的铝成本比黄金还要高。尽管价格不菲，但德维尔还是铸造了一枚铝质纪念勋章，上面铸上维勒的名字、头像和"1827"的字样，以纪念维勒对铝的制备的历史功绩。德维尔将这枚勋章送给维勒，以表示敬意。后来他们两人成为亲密朋友。

1886 年，在铝的历史上又是一个里程碑。这一年，美国大学生霍尔和法国大学生埃鲁都各自独立地研究出了电解制铝法。在美国制铝公司的展柜里，至今还陈列着霍尔第一次制得的电解铝粒；在霍尔的母校，也矗立着他的铝铸像。法国大学生埃鲁几乎在同时也制得铝，当他知道霍尔的发明后，毫不嫉妒，主动去交流经验、切磋学问，两人最终也成了亲密朋友。

从奥斯特炼出第一块不太纯净的铝，到电解法制铝成功，铝成为普通商品，竟然经历了 60 多年的时间。从此，铝的价格一落千丈，它告别了首饰店，走进了人们的日常生活中，而更重要的是应用到许多重要的工业领域。

今天，铝的产量仅次于钢铁。铝及其合金已成为现代文明中不可缺少的金属材料。

查尔斯·马丁·霍尔，美国发明家、工程师和企业家，因发现了价格低廉的制铝方法而知名。

日积月累

铝，化学元素符号是 Al，原子序数是 13。铝有特殊化学、物理特性，是当今工业常用金属之一，它不仅重量轻、质地坚，而且具有良好延展性、导电性、导热性、耐热性和耐核辐射性，是国家经济发展的重要基础原材料。铝的密度低，铝合金的强度足以代替钢铁，因此广泛用于航空工业。我国第一颗人造卫星"东方红 1 号"的外壳全部用铝及其合金制成。美国的"阿波罗 11 号"宇宙飞船所用金属材料中，铝及其合金占 75% 左右。可以说人类送上太空的金属中，铝是最多的。

法国化学家保罗·埃鲁，与查尔斯·马丁·霍尔同时研究出电解制铝法，这个方法最终被命名为"霍尔－埃鲁法"。

老年痴呆症的罪魁祸首

关键词：疾病／老年痴呆／铝

金属铝在现代工业中大显身手的同时，也渗入到了我们的家庭中。为此有人开始研究铝对人体健康的影响。

长期以来，人们一直认为铝是一种对人体无害的金属元素，治疗胃酸过多的药——胃舒平的主要成分就是氢氧化铝。然而，随着近代科技的发展，人们对"铝无害论"提出了异议。1975年，美国佛蒙特医院的雷弗教授等用电子显微镜和X射线衍射光谱测定法，分析了多名老年痴呆症患者的神经元，结果发现这些人的神经元中，铝的含量比正常人多了2～4倍。

后来，美国科学家达伦用原子吸收光谱分析了老年痴呆症患者的大脑，发现他们脑中铝的含量竟是正常人的5倍。美国的一个医疗小组到世界上饮水含铝量最高的关岛调查，最后发现那里患老年痴呆症的人数比正常地区多了3～5倍。这些都证实铝是老年痴呆症的罪魁祸首。

那么，铝为什么会导致老年痴呆症呢？这个问题目前还在争论中。一般的观点认为，由于三价铝离子有空的电子轨道，易与碱基对中含未成对电子的原子结合，并进入神经元细胞中，使神经细胞释放的传递物质如乙酚胆碱等不能顺利通过，从而导致神经传递系统受阻。

铝的过量摄入往往是由于错误使用铝制品引起的。大家知道，铝在空气中会形成一层致密的氧化铝，可保护它免受进一步的腐蚀，但这层保护膜并非坚不可摧，在酸性或碱性溶液中易被破坏。因此我们平时应养成科学使用铝制品的习惯，如不用铝制品存放酸、碱食物，尽量缩短食物在铝制品中的存放时间，尽量不用铝锅炒菜，尽量不让比铝硬的金属制品（如铁勺）与铝制品接触，不用硬质抹布如百洁布擦洗铝制品，等等。当然，平时加强体育锻炼，增强身体活力，也是防止铝元素在体内存积的好办法。

C_{60} 分子结构的发现

关键词：碳／单质／结构／富勒烯

碳单质家族中除金刚石、石墨外，还有一些以新单质形式存在的碳，比较有名的是 C_{60} 分子。C_{60} 分子是由 60 个碳原子构成的分子，形似足球，因此又名足球烯。它具有 60 个顶点和 32 个面，其中 12 个为正五边形，20 个为正六边形，相对分子质量为 720。

关于 C_{60} 的发现有一段比较有趣的故事：

1985 年，英国化学家哈罗德·沃特·克罗托博士和美国科学家理查德·斯莫利等人在赖斯大学用大功率激光束轰击石墨使其气化，用 1 兆帕压强的氦气产生超声波，使被激光束气化的碳原子通过一个小喷嘴进入真空膨胀，并迅速冷却形成新的碳原子，从而得到了一种新的碳单质。通过质谱法首次检测出 C_{60} 等分子。

C_{60} 分子是什么结构呢？

科学家冥思苦想，如果 C_{60} 的 60 个碳原子以金刚石的四面体结构或石墨的六边形层状结构结合，则会造成 C_{60} 的化学性质非常活泼，但这与实际情况不符。

后来，受建筑师巴克明斯特·富勒设计的拱形圆顶建筑结构的启发，英国科学家克罗托认为，C_{60} 分子结构可能具有与拱形圆顶类似的球形结构，这样才能与 C_{60} 的稳定性质吻合起来。经反复研究和科学计算，克罗托提出 C_{60} 分子具有封闭球形笼状结构的设想，最后，C_{60} 的红外光谱和 ^{13}C 核共振光谱证实了他的设想。由于 C_{60} 分子的形状和结构酷似英式足球，所以它被形象地称为足球烯。

哈罗德·沃特·克罗托（摄影：NIMSoffice），英国化学家，因发现富勒烯，1996 年与罗伯特·柯尔、理查德·斯莫利共同获得诺贝尔化学奖，目前是佛罗里达州立大学的教授。

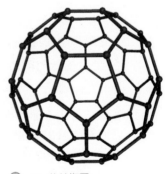

C_{60} 的结构图（摄影：Mstroeck）。

建筑学家巴克明斯特·富勒设计的加拿大世界博览会球形圆顶薄壳建筑（摄影：Cédric Thévenet）。

　　克罗托等人之所以能够勾画出 C_{60} 的分子结构，富勒的启示起了关键性作用，因此他们一致建议用巴克明斯特·富勒（Buckminster Fuller）的姓名加上一个词尾"-ene"来命名 C_{60} 及其一系列碳原子簇，称为 Buckminsterfullerene，简称 Fullerene，中文译为富勒烯。

　　随后，科学家又发现了富勒烯家族的其他成员，如 C_{44}、C_{50}、C_{70}、C_{76}、C_{80}、C_{84}、C_{90}、C_{94}、C_{120}、C_{180}、C_{540}。

　　起初人们认为这种高度对称的完美分子只能在实验室的苛刻条件下或者在星际尘埃中存在，然而 1992 年美国科学家 P·R·布塞克在用高分辨透射电镜研究俄罗斯数亿年前的一种名为 Shungites 的地下矿石时，发现了 C_{60} 和 C_{70} 的存在，飞行时间质谱也证明了他们的结论。2010 年，加拿大西安大略大学科学家在 6500 光年以外的宇宙星云中发现了 C_{60} 存在的证据，他们通过太空望远镜发现了 C_{60} 特定的信号。克罗托说："这个最令人兴奋的突破给我们提供了令人信服的证据：正如我们一直期盼的那样，巴基球（也就是富勒烯）在宇宙的亘古前就存在了。"

纳米材料的发现

关键词：纳米／科技／材料／原子

　　诺贝尔物理学奖获得者、美国加利福尼亚大学工学院教授费曼曾在1959年提出疑问："如果有一天可以按照人的意志来安排一个个原子，那将会产生怎样的奇迹？"

　　时间仅仅过去了20多年，到了1982年，费曼的疑问便得到解答。IBM公司研制成了扫描隧道显微镜（简称STM），它不仅使人类观察到了原子，而且能够利用仪器的针尖来操纵原子。德国科学家宾尼等利用扫描隧道显微镜在镍板上将硅原子组成了"IBM"的字样。不久，日本科学家又将硅原子堆成了一个金字塔。

　　于是，人类也像大自然一样，能够控制分子和原子的存在，而不仅仅是被动地去认识和利用大自然造就的原子和分子。这样，到了20世纪和21世纪之交，人类便悄悄地进入到一个崭新的科技时代——纳米科技时代。

　　右图为扫描隧道显微镜（STM）示意图。1981年因STM的发明被广泛视为纳米元年。STM是一种利用量子理论中的隧道效应探测物质表面结构的仪器。它于1981年由格尔德·宾尼及海因里希·罗雷尔在IBM位于瑞士苏黎世的苏黎世实验室发明，两位发明者因此与恩斯特·鲁斯卡分享了1986年诺贝尔物理学奖。

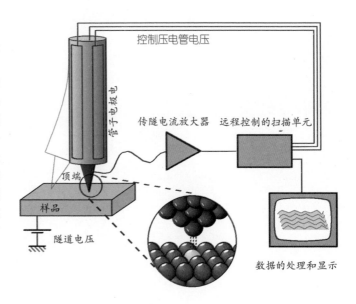

控制压电管电压

压电电极电

传隧电流放大器　远程控制的扫描单元

顶端

样品

隧道电压

数据的处理和显示

相关
链接

纳米（符号 nm），是一个长度单位，指 1 米的十亿分之一（10^{-9}m）。

纳米科技的出现，使人类进入到一个崭新的科技时代。

纳米科技是在纳米的尺度上研究和应用原子、分子及其结构信息的高新技术，它的最终目标是直接用具有纳米尺度的原子、分子来制造有特定功能的材料，被称为纳米材料（由粒径 1～100 纳米的粒子组成的固体材料），它是 21 世纪很有希望和前途的新型材料。

这种新型的材料，最初是由德国科学家格莱特发现的。

自从知道了具有纳米尺度的原子、分子的存在，格莱特就一直在思考一个问题：组成材料的物质颗粒变小了，"小不点"会不会与"大个子"的性质很不相同呢？

1980 年的一天，格莱特到澳大利亚旅游，当他独自驾车横穿澳大利亚的大沙漠时，空旷、寂寞和孤独的环境反而使他的思维变得特别活跃和敏锐。他长期从事晶体材料的研究，了解晶体的晶粒大小对材料的性能有很大的影响：晶粒越小，强度就越高。

格莱特的设想只是材料的一般规律，但他的想法一步一步地深入：如果组成材料晶体的晶粒细到只有几个纳米大小，材料会是个什么样子呢？或许会发生翻天覆地的变化吧！

格莱特带着这些想法回国后，立即开始试验。经过将近 4 年的努力，终于在 1984 年制得了只有几个纳米大小的超细粉末，包括各种金属、无机化合物和有机化合物的超细粉末。

格莱特在研究这些超细粉末时发现了一个十分有趣的现象。众所周知，金属具有各种不同的颜色，如金子是金黄色的，银子是银白色的，铁是灰黑色的。至于金属以外的材料，如无机化合物和有机化合物，它们也可以带着不同的色彩：瓷器上面的釉历来都是多彩的，由各种有机化合物组成的染料更是色彩缤纷。

可是，一旦所有这些材料都被制成超细粉末时，它们的颜色便一律都是黑色的：瓷器上的釉、染料以及各种金属通通变成了一种颜色——黑色。正像格莱特想象的那样，"小不点"与"大个子"相比，性能上发生了翻天覆地的变化。

为什么无论什么材料，一旦制成纳米"小不点"，就都成了黑色的呢？原来，当材料的颗粒尺寸变小到小于光波的波长时，它对光的反射能力就会变得非常低，大约低到小于1%。由于超细粉末对光的反射能力很小，我们见到的纳米材料便都是黑色的了。

"小不点"性质上的变化确实是令人难以置信的。著名的美国阿贡国家实验室曾制备出了一种纳米金属，居然使金属从导电体变成了绝缘体；此外，用纳米陶瓷粉末烧结成的陶瓷制品再也不会一摔就破了。

格莱特的发现改变了科学技术中的一些传统概念。因此，纳米材料将是21世纪备受瞩目的一种高新技术产品。纳米科技已被视为新一波产业革命的源头技术，欧美、日本等国家的政府部门，近年来均编列大幅预算，推动国家级纳米基础科学、工程技术之研发；学术界及产业界亦相继投注大量人力、资金于这场纳米科技的全球竞赛中，希冀于专利与产品开发上抢得先机。到目前为止，纳米科技尚处于一个国际间既相互交流又有所竞争的萌芽阶段。

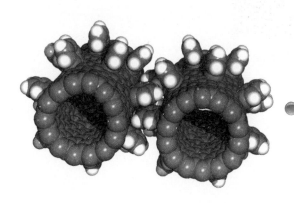

纳米科技的成果：由美国国家航天航空局（NASA）电脑模拟的分子齿轮。

点石成金——石墨变成金刚石

关键词：许逊/石墨/金刚石

我国有个流传很广的"点石成金"的故事：晋朝的旌阳县曾有过一个道术高深的县令，叫许逊。他能施符作法，替人驱鬼治病，百姓见他像仙人一样神，就称他为"许真君"。一次，由于年成不好，农民缴不起赋税。许逊便叫大家把石头挑来，然后施展法术，用手指一点，使石头都变成了金子。这些金子补足了百姓们拖欠的赋税。

当然，把石头变成了金子，自然只是个神话传说。然而，随着现代科技的发展，却能够使昔日的神话变为现实，石墨变成金刚石就是真的"点石成金"。

金刚石和石墨的化学成分都是碳（C），这两种物质是同素异形体。从这种称呼可以知道它们具有相同的"质"，但"形"和"性"却不同，且有天壤之别：金刚石是目前自然界最硬的物质，而石墨却是最软的物质之一。

在生活中，石墨矿石其实很常见，铅笔中的铅芯就是用它制成的。

石墨和金刚石的硬度差别如此之大，但人们还是希望能用人工合成方法来获取金刚石，因为自然界中石墨（碳）藏量是很丰富的。但是要使石墨中的碳变成像金刚石那样的排列，却不是那么容易的。

金刚石的密度比石墨的密度大55%，一般都埋藏在地底深处。只有在非常高的温度和巨大的压力下，地下熔岩里的石墨才有可能经过天然结晶的方式形成贵重的金刚石。所以人们一开始就从高温、高压着手，制造人造金刚石。19 世纪初，世界上很多一流的科学家都投入到了这场"炼金刚石"的角逐中。

1882 年 2 月 6 日，法国科学院传出了一则令人振奋的消息：化学家莫瓦桑制得了世界上第一颗人造金刚石。他所用的方法很简单：把石墨熔化在熔融的生铁中，使生铁迅速冷却。这时生铁就会在外表形成一层坚实的铁壳，从而把里面的铁水严密地封起来。铁水在冷却时体积会缩小，就会产生高压。

莫瓦桑声称用此法已获得一些金刚石颗粒，大多数是黑色，不纯，而且很小。但其中有一颗则是无色的，直径几乎达 1 毫米。第二天，各报都在头版用大号字登出莫瓦桑的名字，并刊登了这一轰动世界的消息。那颗直径不到 1 毫米的人造钻石，被命名为"摄政王"，人们把它与收藏在卢浮宫里的那颗最大的钻石相媲美。

一股渴望拥有金刚石的狂热震撼了世界。百万富翁们焦躁不安，害怕金刚石一旦投入工业生产，就会使他们手中拥有的金刚石贬值，甚至使他们完全破产。而那些没有金刚石的人，则盼望着自己能很快地开始制造出各式各样的宝石，盘算着自己能赚多少钱……

然而，这一切都与现实相去甚远。别人用莫瓦桑的实验方法去制造金刚石，却始终没有成功。是实验技术不行，材料不纯，还是莫瓦桑保守了人工制造金刚石最重要的秘密？人们百思不得其解。

直到莫瓦桑逝世以后，他的夫人才说出了事情的真相：人造钻石"摄政王"的诞生是一出荒诞的闹剧……

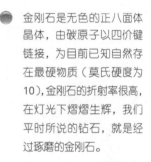

金刚石是无色的正八面体晶体，由碳原子以四价键链接，为目前已知自然存在最硬物质（莫氏硬度为10），金刚石的折射率很高，在灯光下熠熠生辉，我们平时所说的钻石，就是经过琢磨的金刚石。

莫瓦桑的一名助手，因为无比厌烦他的反复实验，偷偷将一颗真正的金刚石放入实验材料中。结果，莫瓦桑受骗了，他根本就没有制成金刚石。

至此，世人才感到受了莫大的愚弄。现已证实，按照莫瓦桑的方法是不能得到金刚石的。

真正的第一颗人造金刚石是 1955 年 2 月在美国成功制造的。美国通用电气公司的科研人员在 2 500℃ 及 100 000 个大气压下，用铬作催化剂，从石墨中获得了一些磨料级的小颗粒金刚石。

1962 年，他们又研究成功，在温度达到 5 000℃ 及 200 000 个大气压下，不使用催化剂也能直接将石墨转化成金刚石。

后来，又有多种人工合成钻石的方法出现了，如化学气相沉法、爆压法、高能超声波合成法等。

虽然出自实验室或工厂的人工合成金刚石已有几十年的历史，但是具备宝石质量的人造金刚石却是最近才出现的。本来人造金刚石主要用于制造切割工具等工业用途上，但现在同样也被使用在珠宝首饰上。近期，俄罗斯的科学家们已经研制出了直径在 3 毫米左右，与天然金刚石晶体结构完全一致的人造金刚石。相信随着研究的深入，在不远的将来就可以造出与天然金刚石一样的人工金刚石。

物以稀为贵。相信随着科技的发展，人工合成钻石的技术会越来越成熟与普及，到那时，拥有一枚钻石戒指就能成为普通人不难实现的目标。

解密屠狗洞

关键词：意大利／山洞／屠狗妖／二氧化碳

在意大利那不勒斯城附近有一个奇怪的山洞，狗、猫等动物一走进洞内，挣扎几分钟就死了，人却可以安然无恙地通过这个山洞。因此，当地居民就称之为屠狗洞，迷信的人还说洞里有屠狗妖。那么，为什么会有如此奇异的现象呢？

为了揭开屠狗洞的秘密，一位名叫波尔曼的科学家来到这个山洞里进行实地考察。他在山洞里四处寻找，始终没有找到什么屠狗妖，只见岩洞里倒悬着许多钟乳石，地上丛生着石笋，并且有很多从潮湿的地上冒出来。波尔曼透过这些现象，经过科学的推理，终于揭开了其中的奥秘。

原来，这是个由大量钟乳石和石笋构成的石灰岩岩洞。这里长年累月地进行着一系列的化学反应：石灰岩的主要成分是碳酸钙，它在地下深处受热分解产生二氧化碳气体：

$$CaCO_3 \rightarrow CaO + CO_2 \uparrow$$

产生的二氧化碳又和地下水、石灰岩的碳酸钙反应，生成可溶性的碳酸氢钙：

$$CaCO_3 + CO_2 + H_2O \rightarrow Ca(HCO_3)_2$$

当含有碳酸氢钙的地下水渗出地层时，由于压力降低，碳酸氢钙分解又释放出二氧化碳，并从水中逸出：

$$Ca(HCO_3)_2 \rightarrow CaCO_3 \downarrow + CO_2 \uparrow + H_2O$$

因为二氧化碳比空气重，于是就聚集在地面附近，形成一定高度的二氧化碳层。

当人进入洞里，二氧化碳层只能淹没到人的膝盖，有少量的二氧化碳扩散，人只有轻微的不适感觉，然而处在低处的狗，却完全淹没在二氧化碳层中，因缺乏氧气而窒息死亡，这就是屠狗洞"屠狗而不伤人"的道理。

药剂漏光以后的惊喜

关键词：诺贝尔／硝化甘油／硅藻土／甘油炸药

● 实验往往会带给人们意外的惊喜。

瑞典化学家诺贝尔在研制炸药时，因为时常发生意外爆炸，遭到街坊邻居们的反对，只好搬到湖中心的一条驳船上继续做实验。

1866年，有一次，诺贝尔到船舱里取储存在桶里的硝化甘油——一种爆炸力极强的液体炸药。不料，大概因为放的时间长了点，硝化甘油全都从桶底的裂缝中漏光了。

这对当时经费十分困难的诺贝尔来说，真是件倒霉透顶的事！诺贝尔沮丧极了，他无奈地搬开已经漏空的空药剂桶，想看看漏出去的硝化甘油都流到哪儿去了。

在桶的下面，放着一只用硅藻土烧制的容器。诺贝尔刚弯下身子，就闻到一股强烈的硝化甘油气味儿。啊，原来漏掉的硝化甘油都一点一点地给硅藻土吸收了，而容器看上去还是老样子。诺贝尔用手轻轻地挪开那已经吸满了易爆炸的硝化甘油的容器，却一点儿没事。

看到这一切，诺贝尔高兴得简直要大叫起来！因为用液体硝化甘油做炸药很难控制，稍稍遇到震动或高温就会爆炸，运输起来也很不方便。诺贝尔一直在考虑研制一种比较安全的固体炸药，可是还没有找到如何把液体硝化甘油变成固体的好办法。而眼前这只吸足了硝化甘油却没有变形的硅藻土容器，使他豁然开朗。他将硝化甘油与硅藻土按不同的比例混合实验，发现如果没有引爆雷管，硝化甘油就不会爆炸，硅藻土使硝化甘油如同调皮的孩子受到了管束，变得驯服多了；而吸足了硝化甘油的硅藻土，爆炸威力同样不减。

经过反复试验，诺贝尔找到了一个硝化甘油与硅藻土的最佳配方。不久，一种不怕震动和高温、售价低廉、使用方便的固体炸药诞生了，诺贝尔给它取名甘油炸药。

谁能想到，这种新炸药起初竟孕育在桶底的一条裂缝之中呢！看似偶然的成功，实际上多是科学家孕育已久的想法，只不过一时没有找到突破口罢了。只要锲而不舍，善于发现问题，勤于思考，总有一件事会给你带来启示，最终成为解决问题的钥匙。

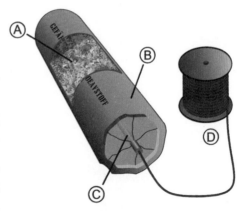

硝酸甘油炸药的结构图示
（摄影：Pbroks13）：
A：木屑（或任何其他类似的吸水材料）浸泡在硝酸甘油中；
B：爆炸性物质外包覆的保护层；
C：雷管；
D：电线连接到雷管。

现代炸药。

会游泳的鸡蛋

关键词：鸡蛋／游泳／实验／盐酸

有一天，小明到大伯家玩。一进门，上初三的哥哥小刚就神秘地对他说："明明，来，今天我给你表演一个魔术——鸡蛋游泳。"

小明很好奇，便说："我只听说过鸭子会游泳，还没听说过鸡蛋也会游泳。你赶快表演给我看吧！"

只见哥哥在桌子上摆了一只杯子，杯子里有大半杯的水。哥哥说："你注意看啊，开始表演啦！"说着便把一枚鸡蛋放进了杯子里，鸡蛋就沉到了底部。小明说："这不明摆着吗？鸡蛋这么重，肯定会沉到杯底，怎么能游泳呢？"小刚说："小弟弟，别着急，你看，一会儿鸡蛋就游上来了。"小明紧盯着玻璃杯。奇迹发生了，一会儿之后，鸡蛋周围出现了小气泡，而且越来越多了，气泡直往水面上冒，鸡蛋就随着气泡浮上了水面。哥哥神气地说："看！鸡蛋游上来了吧！我拿根筷子搅搅，它又会沉下去，过一会儿，它又能浮起来。"小明说："真有趣，我来拿筷子。"

于是，小明用一根筷子在鸡蛋周围轻轻地搅了搅，真奇怪，鸡蛋又重新沉到了杯底。一会儿，鸡蛋周围又出现了许多气泡，越来越多，鸡蛋又浮上来了。小明又用筷子把气泡全打破，鸡蛋又沉下去了。这样反复地上来下去好几次，最后鸡蛋像累了似的瘫在了杯底。小明问："哥，鸡蛋怎么不上来啦？"哥哥说："魔法消失了，鸡蛋没劲了，该休息了。"

回到家后，小明觉得哥哥的魔术真好玩，便迫不及待地要表演给妈妈看。于是他也拿了一只玻璃杯，倒进了半杯凉水。拿了一枚鸡蛋和一根筷子，准备给妈妈表演魔术。

相关链接

如果将稀盐酸改为食醋，也许鸡蛋的上下沉浮现象不明显，但当反应基本停止以后，所得的醋蛋可是很好的保健食品哟！

小明把水杯放在桌上，把鸡蛋轻轻放入杯里，鸡蛋沉到了杯底。等了好一会儿，鸡蛋周围一个气泡也没有，鸡蛋仍静静地躺在杯底。小明愣住了，拿筷子搅了搅，鸡蛋还是没有浮起来。小明着急了，说："哥哥明明就是这样表演的嘛，怎么到我这儿就不灵了呢？"

　　妈妈说："你打电话问问哥哥吧。没准儿哥哥用的是神奇的魔水呢。"

　　于是小明给哥哥打电话，把回家后做实验失败的事说了，哥哥听了哈哈大笑说："告诉你我这个魔术的诀窍吧，我那杯子里装的不是清水，是稀盐酸。"

　　然后哥哥给小明讲了讲这里面的道理：

　　原来，鸡蛋壳的主要成分是碳酸钙。碳酸钙是不溶于水的固体，所以鸡蛋在水里永远不会生出气泡来。把鸡蛋放入稀盐酸里，蛋壳中的碳酸钙就会跟盐酸发生化学反应，产生二氧化碳气体：

$$CaCO_3 + 2HCl \rightarrow CaCl_2 + CO_2\uparrow + H_2O$$

　　鸡蛋壳上附着的就是二氧化碳小气泡。借助气泡的浮力把鸡蛋从杯底抬到了液面上。当你用筷子搅动气泡后，气泡破裂，二氧化碳气体就逸入空气中，这时浮力小了，于是鸡蛋又沉到了杯底。再继续反应，再次产生气泡，又借助浮力把鸡蛋抬上液面。这样反复几次后，气泡越来越少，说明蛋壳中的碳酸钙已完全消耗尽了，所以最后鸡蛋就变软了，不能再产生气泡了，也就无法再"游"上来了。

伊普雷化学战

关键词：伊普雷／战争／毒气／化学武器

在比利时的佛兰德省，有一座古老的城镇，名叫伊普雷。虽然这个城镇不大，但是在历史上，人们永远也不会忘记它。因为在这里，曾经发生过一场特殊的战斗……

在第一次世界大战期间的1915年4月，交战的双方在伊普雷西南的康默尔高地上已经僵持了将近一年的时间了。康默尔是一个具有决定性战略价值的阵地，如果占领了这个阵地，就可以得到伊普雷。为了攻下这个高地，德国军队多次发动猛烈的攻势，用大炮狂轰乱炸，组织大兵团冲击，但每次都被协约国的联军打了下去。

望着这久攻不下的阵地，德国人开始从另一方面上打起主意了。他们一面继续组织更疯狂的进攻，一面秘密地从德国境内悄悄地运来了一批经过特殊加工的口罩和6000个奇怪的钢瓶。

在特殊人员的指挥下，德国士兵在6000米长的前线阵地上，每隔40米就构筑一个土台，并在土台上埋设40个钢瓶。完工以后，一个军官打开了随身带来的报纸，然后兴奋地念了起来："法国、英国和俄国，每日每时都在向德国阵地上发射着毒气炮弹，残忍地杀害我们的士兵和军官。我们向世界呼吁，向人类良知呼吁，尽快停止使用野蛮的化学毒气。"听到这里，德军士兵们都哈哈大笑起来。其中一个士兵问："长官，我们新运来的这些玩意儿什么时候用呀？"

这个军官煞有介事地望了望天，一耸肩膀，两手一摊说："天知道。"

的确，德国人真的是在等天气。原来，他们现在执行的是德军密谋已久

相关链接

氯气是一种有毒气体，它主要通过呼吸道侵入人体并溶解在黏膜所含的水分里，生成次氯酸和盐酸，对上呼吸道黏膜造成有害的影响：次氯酸使组织受到强烈的氧化；盐酸刺激黏膜发生炎性肿胀，使呼吸道黏膜浮肿，大量分泌黏液，造成呼吸困难，所以氯气中毒的明显症状是剧烈的咳嗽。症状重时，会发生肺水肿，阻碍循环系统正常工作而导致死亡。

的"三 C"作战计划。那些被埋在土台上的钢瓶，就是这一计划中的秘密武器。里面装的正是战场上禁止使用的化学毒气——氯气。一旦有了合适的风向，就可以打开钢瓶，放出氯气。这种毒性很强、比空气重的"毒雾"，就会飘向敌方阵地，毒害敌人。

"三 C"计划是一位名叫费茨·哈伯的化学家为德军总参谋部提出的。费茨·哈伯是犹太人，曾在德国的卡尔斯鲁厄大学和柏林大学当过教授。在科学研究方面，他首创了氨的空气合成法，为以后的固定氮工业和氮肥工业奠定了基础。除此之外，费茨·哈伯还是一名双手沾满鲜血的战犯。

德国化学家费茨·哈伯。第一次世界大战后，费茨·哈伯不但没有受到惩办，反而获得了 1918 年诺贝尔化学奖，遭到许多人的反对。费茨·哈伯的获奖使这项科学文化界的最高荣誉奖蒙上了耻辱。二战前夕，费茨·哈伯作为一个犹太人，被希特勒赶出了德国，客死他乡。

1914 年冬天，费茨·哈伯向德军总参谋部提出了一个秘密使用化学氯气的作战方案，也就是"三 C"计划。"三 C"是"秘密的"、"化学"、"氯气" 3 个英文单词的首字母。德军很快就采纳了他的建议，并积极制造装氯气的钢瓶。

伊普雷战役开始以后，德军进攻受挫。于是，他们终于拿出了这个惨无人道的"杀手锏"——氯气毒瓦斯。

1915 年 4 月 22 日的下午，机会终于到来了。为了掩盖将要发生的罪行和不引起对方的注意，德军的大炮又以猛烈的火力向只有 500 米高的康默尔轰击。雨点般的炮弹落在协约国联军的阵地上，士兵们被炸开的松土埋了起来。阵地上硝烟弥漫、弹坑累累。

90 分钟之后，德军的炮击终于停止了。协约国联军阵地上的士兵们这才抖掉身上的厚土，深深地呼吸着傍晚时清新的空气。微风徐徐吹来，硝烟很快散尽了。晚霞中的战场上，出现了少有的宁静。大胆的士兵爬出了寒冷潮湿的战壕，活动着僵硬的身体。

这时候，一个阿尔及利亚的狙击兵突然发现，一片奇怪的、略呈黄绿色的云雾，从德军阵地上慢慢地升起，他惊奇地叫起来："喂，弟兄们，看呀，多美的欧洲风光呀！"另一名士兵望了一眼，漫不经心地说："你上当了。那是德军阵地上着火啦！"可是，他们哪里知道，正向他们飘过来的黄绿色烟雾，就是德军施放的氯气。

原来，在当天的炮击之后，德军决定正式实施"三C"作战方案。下午5点多钟，随着一声命令，戴上特制的防护口罩的德军士兵一齐打开了埋设在土台上的钢瓶。只见一道一人多高、6000多米宽的不透明黄绿色烟雾，乘着轻风朝协约国联军阵地的方向飘过去。首先遭到毒雾袭击的是英法联军和加拿大的阵地。受到毒气攻击的士兵，开始打喷嚏，咳嗽，流眼泪，鼻子被刺激得疼痛难忍，喉咙像着火一样。然后，就有人呼吸困难，甚至窒息倒地。阵地上顿时一片混乱。许多士兵丢下武器，逃出了战壕。协约国联军的阵地崩溃了。德军借机突破了防线，取得了胜利。

这就是著名的"伊普雷毒雾"，也是人类战争中大规模使用化学武器的第一个战例。在这次"毒袭"中，德军一共施放了180吨氯气，仅英法联军就有15000人中毒，5000人丧生。震惊世界的伊普雷之雾，揭开了化学战的序幕，现代生化武器由此登上了战争舞台，给世界人民留下了阴森可怕的回忆。

尽管自第一次世界大战以后，多年来，国际社会多次召开"禁止化学武器会议"，也曾通过一系列全面消除和禁止化学武器的决议，但是仍然有许多国家和地区为了战争，积极地研究和生产着新的化学武器，成为世界上爱好和平人民头上的一把悬着的利刃。因此，人们仍然必须时刻警惕。

● 美军生化演习。

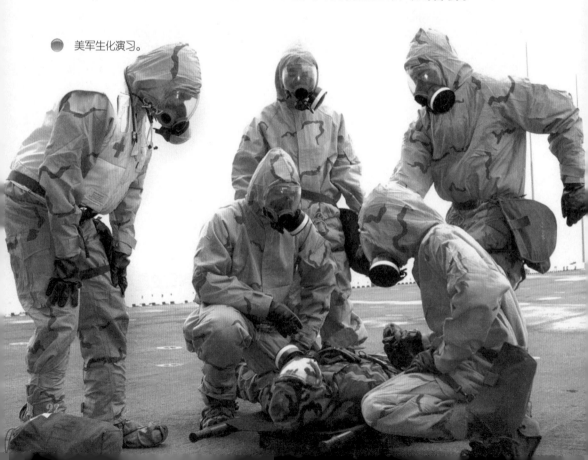

神秘的水妖湖

关键词：俄罗斯 / 湖泊 / 水妖 / 汞

俄罗斯卡顿山区曾经发现过一个神奇的湖泊。那里湖水明亮如镜，四周风光秀丽，湖面还会不断冒出微蓝色的蒸气，如同仙境一般。可当地人却发现，怎么只见有人去，不见有人归！于是人们传说，湖中有妖怪专门杀害游人。这到底是怎么回事？

后来，卡顿山区来了一位画家，听人说起水妖湖的故事，他怀着好奇心想，何不去冒险一游，兴许能创作出一幅好画来呢！

数天后，他一大早就出发，到了目的地，登高远望，啊，银白色的湖水映着红色岩石，尽管满山寸草不生，但是风景依然奇丽。

画家兴奋极了，立即拿出画板进行绘画。画家全神贯注地一连画了几个小时，初稿刚画好，他突然就感到一阵恶心、头晕、呼吸急促，他立即意识到可能要发生意外，于是匆匆拿好了画稿，飞一般地离开了那里。回家后，他生了一场大病，差一点丢掉了性命。以后他常常会回忆起那段可怕的经历，可始终不明白那置人于死地的湖的奥秘。

死海的浮力很大，可以使人浮在水面上。

一个人正浮在死海的
水面上看报纸。

有一天，他家来了一位地质学家，在交谈中，这位画家讲起了当年去水妖湖的经历，还拿出他当时画的几幅水妖湖的画作请地质学家欣赏。地质学家看到画面上有一个小湖，周围山上尽是红色的岩石，湖面在阳光下升起微蓝色的蒸气。他好奇地问画家："这是写生画，还是想象画？"画家说完全是根据当时情景画出来的。地质学家若有所思，但一时也无法解开这个谜。

后来，这位地质学家在用显微镜观察硫化汞矿石时，突然联想到画家的那幅画，他猜想，那画中的红石头会不会是硫化汞矿石？银白色的湖水会不会就是硫化汞分解出来的金属汞（水银）呢？蓝色的微光会不会就是汞蒸气的光芒？

为了证实自己的想法，地质学家便和助手一起戴着防毒面具对水妖湖进行了实地勘查。经过采样分析，他终于揭开了水妖湖的奥秘。

原来，在卡顿深山里有一个巨大的硫化汞矿，天长日久，硫化汞已分解成几千吨的金属汞并汇集成所谓的水妖湖。游人在湖上莫名其妙地死去，并非是水妖在作怪，而是被水妖湖上散发的高浓度的水银蒸气毒死的。

相关
链接

除了水银湖，世界上还有很多化学物质湖。比如，意大利西西里岛有一个酸湖，湖底有两口泉眼喷出强酸，使整个湖水变成了腐蚀性极强的酸水，酸液浓度很高，高到可以杀死一切生命，人们因此叫它死湖。另外，有名的死海是个盐湖，这里的湖水每升含盐272克。由于湖水含盐多，密度很大，能将人托起，因而有"死海不死"之说。智利的亚特斯柯敦湖，湖水内含有大量硼砂〔$Na_2B_4O_5(OH)_4·8H_2O$〕，被称为硼砂湖。在拉丁美洲西部印度群岛的巴哈马岛上有个火湖，湖水闪闪发光，就像燃烧时冒出的火焰一样。这个湖的水里含有大量的荧光素，如果你信手拨动湖水，便会"火花"四溅，这是由于荧光素所引起的。

近代化学之父——拉瓦锡

关键词：化学／拉瓦锡／氧／氮／处死

　　安东尼·拉瓦锡1743年出生于巴黎，年轻时攻读法律，并在20岁时获得了法律学士学位，取得了律师执业资格。他的父亲是一位律师，由于通常律师家庭总是很富有的，因此毕业后，殷实的家财足以使他并不急于挣钱来养活自己。平时拉瓦锡对植物学有很大的兴趣，由于经常上山采集植物标本，使他对气象学也很感兴趣。后来，在他的地质学老师葛太德的建议下，拉瓦锡又跑去学习了化学。博学多才的拉瓦锡最终以化学研究闻名于世。

　　1772年金秋时节的一天，拉瓦锡称了一定质量的白磷，将其点燃，他发现燃烧后的产物的质量居然比燃烧前的白磷质量还大！他又燃烧硫磺，也得到了相同的结果。这一反常的现象令拉瓦锡设想，一定是空气中的某种气体被燃烧的白磷和硫磺捕获了。为了证明自己的判断，他设计了一个更细致的实验：将白磷放在水银面上，上面扣一个钟罩，钟罩里保留一部分空气供白磷燃烧。当加热水银到40℃时，水银面上的白磷会立刻燃烧起来，之后水银面出现了上升。拉瓦锡描述道："这表明部分空气被消耗，剩下的空气不能使白磷燃烧，并可使燃烧着的蜡烛熄灭……白磷增加的重量与所消耗的1/5容积的空气重量接近。"

　　为了得到与燃烧物质结合的气体，1777年，拉瓦锡对汞进行加热，发现随着红色汞渣的生成，空气的体积减少了1/5。接着，拉瓦锡对汞渣继续加热，结果从汞渣中还原出汞，并释放出了大量气体，这种气体可以使蜡烛燃烧得更旺，并有益于动

位于卢浮宫的拉瓦锡雕像（雕塑者：Jastrow，摄影：Jastrow）。

拉瓦锡的实验室
（摄影：Edal Anton Lefterov）。

油画《拉瓦锡与妻子玛丽亚》，大卫作，1778 年。

物的呼吸。拉瓦锡把与汞结合的气体称为生命气体，因为它是呼吸所必需的；剩下的气体叫作无生命气体，因为它会让蜡烛熄灭，令动物窒息。后来，人们将生命气体改称氧，将无生命气体改称氮。虽然早在1772年到1773年，瑞典的化学家舍勒就发现了氮气和氧气，而第一个公开宣布发现氧气的人却是英国化学家普里斯特利，但是两人都没有对气体性质进行深入的了解，也没有对燃烧作出像拉瓦锡那样的正确解释。正是由于拉瓦锡的工作，化学研究才脱胎换骨，摆脱谬误，奔向真理，因此后人尊拉瓦锡为"化学之父"。

"化学之父"在科学界备受瞩目与尊崇，但是回到了法国的公众社会中，拉瓦锡却被定为贪污犯、反革命分子和叛国者。由于拉瓦锡曾经担任过旧政府的火药局长和税收官，1789年法国大革命的风暴掀起后，他大难临头了。收税的人永远都不招人喜欢，更何况拉瓦锡还是前朝的税收官。革命的极端主义者马拉写了一些隐晦的文章，暗示狂热的民众：拉瓦锡可能在当火药局长期间中饱私囊，侵吞国家财产。马拉还挑拨科学院与民众的关系，他不断强调，法国科学院是前国王当政时建立的，里面都是仇恨穷人的王党，拉瓦锡也位列其中。在当时的红色恐怖中，莫须有的罪名就可以置人于死地。拉瓦锡被抓了起来，经过毫无公正可言的短暂审判，他与另外27个税收官被判有罪，法官命令"把他们送到革命广场去（处死），不得延迟"。

为了拯救法国最伟大的化学家的生命，一部分头脑清醒的人给法官递交了一份上诉书，列举了拉瓦锡对国家和科学所作的种种贡献，请求给他免罪。顽固而冷酷的法官只回复了简短的一句话："共和国不需要天才。"于是，1794年5月8日，拉瓦锡人头落地。他生前的同事、法国大数学家拉格朗日惋惜地说："他们可以一眨眼就把他的头砍下来，但他那样的头脑一百年也再长不出一个来了。"面对冰冷血腥的断头台，拉瓦锡有着巨大的科学贡献也束手无策，最终也无法挽救他的生命。

相关链接

燃素说是化学史上解释物体燃烧的一种学说，产生于17世纪，是种错误和受局限的科学理论。这种观点认为，燃烧是一种分解过程，物质燃烧时释放出燃素，是古代化学的最后形态。拉瓦锡关于燃烧的氧化学说终于使人们认清了燃烧的本质，并从此取代了燃素学说，统一地解释了许多化学反应的实验事实，为化学发展奠定了重要的基础。

日积月累

法国化学家拉瓦锡以雄辩的实验事实为依据，推翻了统治化学理论达百年之久的燃素说，建立了以氧为中心的燃烧理论。针对当时化学物质的命名呈现一派混乱不堪的状况，拉瓦锡与他人合作制定出化学物质命名原则，创立了化学物质分类的新体系。根据化学实验的经验，拉瓦锡用清晰的语言阐明了质量守恒定律和它在化学中的运用。这些工作，特别是他所提出的新观念、新理论、新思想，为近代化学的发展奠定了重要的基础。拉瓦锡之于化学，犹如牛顿之于物理学。

九死一生的"炸药大王"——诺贝尔

关键词：炸药／诺贝尔／危险／九死一生

诺贝尔像。

意大利化学家索布雷洛，1847年于都灵大学发明硝化甘油。常有人误解硝化甘油是诺贝尔发明的，事实上诺贝尔只是硝化甘油炸药的发明者。

在世界科学史上，有这样一位伟大的科学家：他不仅把自己的毕生精力全部贡献给了科学事业，而且还留下遗嘱，把自己的遗产全部捐献给科学事业，用以奖掖后人，向科学的高峰努力攀登。今天，以他的名字命名的科学奖，已经成为举世瞩目的最高科学大奖。他的名字和人类在科学探索中取得的成就一道，永远地留在了人类社会发展的文明史册上。这位伟大的科学家，就是世人皆知的瑞典化学家阿尔弗雷德·伯恩哈德·诺贝尔。

诺贝尔 1833 年出生于瑞典首都斯德哥尔摩。他的父亲是一位颇有才干的机械师、发明家。在父亲永不停息的创造精神的影响和引导之下，诺贝尔走上了光辉灿烂的科学发明道路。

一开始，父亲希望他成为一名机械师，可是多年随父亲研究炸药的经历，使他的兴趣很快转移到应用化学方面。早在 1847 年，意大利的索布雷洛就发明了一种烈性炸药——硝化甘油，它的爆炸力是历史上任何炸药所不能比拟的。但是这种炸药极不安全，稍不留神就会使操作人员粉身碎骨。许多人因为意外的爆炸事件而粉身碎骨，连尸体也找不到。诺贝尔决心把这种烈性炸药改造成安全炸药。

1862 年夏天，诺贝尔开始了对硝化甘油的研究。这是一个充满危险和牺牲的艰苦历程，死亡时刻都在陪伴着他。在一次进行炸药实验时发生了爆炸，实验室被炸得无影无踪，5个助手全部牺牲，连他最小的弟弟也未能幸免，而他本人因为那天碰巧有事外出才幸免于难。

这次惊人的爆炸事故，使诺贝尔的父亲受到了十分沉重的打击，没有多久就去世了。他的邻居们出于恐惧，也纷纷向政府控告诺贝尔。此后，政府不准诺贝尔在市内进行实验。

但是诺贝尔百折不挠，他把实验室搬到市郊湖中的一艘船上，继续进行实验。经过长期的研究，他终于发现了一种非常容易引起爆炸的物质——雷酸汞，他用雷酸汞做成炸药的引爆物，成功地解决了炸药的引爆问题，这就是雷管的发明。它是诺贝尔科学道路上的一次重大突破。

诺贝尔发明雷管的时候，正是欧洲工业革命的高潮期。矿山开发、河道挖掘、铁路修建及隧道的开凿，都需要大量的烈性炸药，所以硝化甘油炸药的问世受到了普遍的欢迎。诺贝尔在瑞典建成了世界上第一座硝化甘油工厂，随后又在国外建立了生产炸药的合资公司。但是，这种炸药本身有许多不完善之处。存放时间一长就会分解，强烈的震动也会引起爆炸。在运输和贮藏的过程中曾经发生了许多次事故。针对这些情况，瑞典和其他国家的政府发布了许多禁令，禁止任何人运输诺贝尔发明的炸药，并明确提出要追究诺贝尔的法律责任。

面对这些考验，诺贝尔并没有被吓倒，反而在反复研究的基础上，又发明了以硅藻土为吸收剂的安全炸药，这种被称为黄色炸药的安全炸药，在火烧和锤击下都表现出极大的安全性。这使人们对诺贝尔的炸药完全解除了疑虑，诺贝尔再度获得了荣誉，炸药工业也很快获得了发展。

日积月累

硝化甘油是一种爆炸能力极强的炸药。1847年由都灵大学的化学家索布雷洛发明。诺贝尔只是当时最大的硝化甘油制造商，让他致富的是在1866年利用硝化甘油发展出的硝化甘油炸药。硝化甘油是一种黄色的油状透明液体，这种液体可因震动而爆炸，属危险化学品。同时硝化甘油也可用作缓解心绞痛的药物。

● 硝化甘油分子结构图。

在安全炸药研制成功的基础上，诺贝尔又开始了对旧炸药的改良和新炸药的生产研究。两年后，一种以火药棉和硝化甘油为原料的新型胶质炸药研制成功。这种新型炸药不仅有高强的爆炸力，而且更加安全，既可以在热辊子间碾压，也可以在热空气中压制成条绳状。胶质炸药的发明在科学技术界受到了普遍的重视。诺贝尔在已经取得的成绩面前没有停步，当他获知无烟火药的优越性后，又投入到混合无烟火药的研制中，并在较短的时间里研制出了新型的无烟火药。

诺贝尔一生的发明极多，获得的专利就有 255 种，其中仅炸药就达 129 种。就在他生命垂危之际，他仍念念不忘对新型炸药的研究。

1896 年 12 月 10 日，这位大科学家、大发明家和实验家，由于心脏病突然发作而逝世。诺贝尔是一位名副其实的亿万富翁，他的财产累计达 30 亿瑞典币。但是他与许多富豪截然不同，他一向视钱财如粪土，当他母亲去世时，他将母亲留给他的遗产全部捐献给了慈善机构，只留下母亲的照片以作为永久的纪念。他说："金钱这东西，只要能够满足个人的生活所需就够了，若是多了，它会成为遏制人才的祸害。有儿女的人，父母只要留给他们教育费用就行了，如果给予除教育费用以外的多余的财产，那就是错误的，那就是鼓励懒惰，那会使下一代不能发展个人的独立生活能力和聪明才干。"

基于这样的思想，诺贝尔不顾其他人的劝阻和反对，在遗嘱中指定把他的全部财产作为一笔基金，每年以其利息作为奖金，分配给那些在前一年中为人类作出贡献的人。奖励分成物理学、化学、生理学或医学、文学及支持和平事业等 5 种。为了纪念这位伟大的发明家，从 1901 年开始，每年在他去世的日子，即 12 月 10 日颁发诺贝尔奖。一直以来，诺贝尔奖激励着越来越多的精英豪杰献身于科学事业，去攻克一道道科学难关。同时，它也极大地促进了世界科学技术的发展和世界科学文化的交流。

建于斯德哥尔摩市区布劳西半岛上的诺贝尔奖中心，旨在让人们全方位地了解诺贝尔奖，并希望能够在激发青少年的求知欲和探索精神方面起到重要作用。

首位诺贝尔化学奖的获得者

关键词：范托夫／化学／首位／获奖

雅各布斯·亨里克斯·范托夫，1852 年 8 月 30 日出生于荷兰鹿特丹。作为医学博士的儿子，他从小就聪明过人。读中学时，他对化学实验就很感兴趣，经常在放学后或假日里偷偷地溜进学校，从地下室的窗户钻进实验室里去做化学实验。

由于少年的好奇心，使他特别乐于选用那些易燃易爆和含有剧毒的危险化学药品做实验。一天，该校的霍克维尔夫先生发现了他的秘密，责备了他的违纪行为。范托夫请求老师不要去报告校长，但他还是被带去见他的父亲。父亲了解了事情的经过后，对自己儿子不规矩的举动深感尴尬和愤慨。但转念一想，儿子的肯钻好学不该过分去责备。于是，他把自己原来的一间医疗室让给了儿子。范托夫有了自己的实验室后，干得更加起劲了。正是少年时代的这种爱好，为后来范托夫成为化学家打下了坚实的基础。

范托夫于 1869 年到德尔夫特高等工艺学校学习工业技术，最终以优异的成绩毕业，并受到在该校任教的化学家 A.C. 奥德曼斯和物理学家范德·桑德·巴克胡依仁的重视。1872 年，范托夫在莱顿大学毕业，前往巴黎医学院的武兹实验室学习。

1875 年，范托夫发表了《空间化学》一文，提出分子的空间立体结构的假说，首创"不对称碳原子"概念，以及碳的正四面体构型假说（又称"范托夫－勒·贝尔模型"），即一个碳原子连接四个不同的原子或基团，初步解决了物质的旋光性与结构的关系，这项研究结果立刻在化学界引起了巨大的反响，毁誉参半……

第一位诺贝尔化学奖的荣获者雅各布斯·亨里克斯·范托夫。

著名化学家武兹。

日积月累

立体化学是从立体的角度出发，研究分子的结构和反应行为的学科。研究对象是有机分子和无机分子。由于有机化合物分子中主要的价键——共价键具有方向性特征，立体化学在有机化学中占有极为重要的地位。

有机化学家威利森努斯教授写信给范托夫说："您在理论方面的研究成果使我感到非常高兴。我在您的文章中，不仅看到了说明迄今未弄清楚的事实的极其机智的尝试，而且我也相信，这种尝试在我们这门科学中将具有划时代的意义。"

德国莱比锡大学的赫尔曼·柯尔贝教授则认为："有一位乌德勒支兽医学院的范托夫博士，对精确的化学研究不感兴趣。在他的《立体化学》中宣告说，他认为最方便的是乘上他从兽医学院租来的飞马，当他勇敢地飞向化学的帕纳萨斯山的顶峰时，他发现原子是如何自行地在宇宙空间中组合起来的。"

范托夫关于分子的空间立体结构的假说，不仅能够解释旋光异构现象，而且还能解释诸如顺丁烯二酸和反丁烯二酸、顺甲基丁烯二酸和反甲基丁烯二酸等另一类非旋光异构现象。因此，范托夫首创的"不对称碳原子"概念，以及碳的正四面体构型假说的建立，尽管学术界对其褒贬不一，但往后的实践却证明，这个假说成了立体化学诞生的标志。

20 世纪初期的范托夫。

1878—1896 年间，范托夫在阿姆斯特丹大学先后担任过化学、矿物学、地质学教授，并曾任化学系主任。这期间，他又集中精力研究了物理化学问题。他对化学热力学与化学亲合力、化学动力学和稀溶液的渗透压及有关规律等问题进行了探索。

1901 年，范托夫由于发现了溶液中的化学动力学法则和渗透压规律以及对立体化学和化学平衡理论作出的贡献，成为第一位诺贝尔化学奖的获得者，后应邀访问美国、德国。范托夫晚年感染肺结核，身体消瘦，但仍孜孜不倦于研究。1911年 3 月，年仅 59 岁的范托夫不幸早逝。一颗科学巨星的陨落，震惊了世界化学界。为了永远地怀念他，范托夫的遗体火化后，人们将他的骨灰安放在柏林达莱姆公墓，供后人瞻仰。

与 "死亡元素" 打交道的人

关键词：莫瓦桑／死亡元素／氟／献身

在化学元素史上，氟元素的发现是参与人数最多、危险性最大、工作最艰难的研究课题之一。自 1768 年德国化学家马格拉夫发现氢氟酸以后，到 1886 年法国化学家莫瓦桑制得单质的氟，历时 118 年之久。为了表彰莫瓦桑在制备元素氟方面所作的杰出贡献，同时表彰他发明了莫氏电炉，1926 年，瑞典诺贝尔基金会宣布：把相当于 10 万法郎的奖金授给莫瓦桑。

莫瓦桑，1852 年 9 月 28 日出生在巴黎。他家境贫寒，虽然成绩一直很好，但中学尚未毕业便不得不辍学以谋生计，当了药店学徒。莫瓦桑当了学徒之后，仍然坚持刻苦学习。1874 年，他通过考试，获得了中学毕业证书；1877 年，他又通过考试，获得了大学毕业证书和学士学位。莫瓦桑十年如一日地长期自学，后来成为了法国著名化学家弗罗密的实习生，这相当于现在的研究生。他还经德勒雷教授的指导，通过了《论自然铁》的论文答辩，荣获巴黎大学物理学博士学位。

● 亨利·莫瓦桑。

1878 年，莫瓦桑在弗罗密实验室当实习生时，他的同学阿尔曼拿着一瓶药品对他说："这就是氟化钾，世界上还没有一个人能制出单质氟来！"

"难道我们的老师弗罗密教授也制不出来吗？"莫瓦桑问。

"制不出来。"阿尔曼十分感慨地说，"以前所有人的所有制取单质氟的实验都失败了，大化学家戴维就曾想制取，不但没有成功，而且还中了毒。

日积月累

氟是一种卤族化学元素，它的化学符号是F，它的原子序数是9。正常情况下氟是一种浅黄色的、可燃的刺激性毒气，是非金属元素中最活泼的，它的氧化能力很强，可以同所有的非金属和金属元素起猛烈的反应，生成氟化物，并发生燃烧。它有极强的腐蚀性和毒性，操作时应特别小心，切勿使它的液体或蒸气与皮肤和眼睛接触。

1836年，爱尔兰科学院的诺克斯兄弟在制取单质氟时，哥哥中毒死了，弟弟进了医院。此外，还有比利时的鲁那特、法国的危克雷，都在做这类实验时中毒身亡，著名的盖·吕萨克也差点送了命。你要知道，亲爱的莫瓦桑，氟是死亡元素，千万别去碰它。"

"我不怕。阿尔曼，我将来一定要制出单质氟来！"莫瓦桑坚定地回答。

"那你可要加倍小心！"阿尔曼又关照了一句。

这次实验室谈话以后，莫瓦桑增加了一件心事，单质氟总萦绕在他的脑海中。"单质氟，单质氟，死亡元素，死亡元素……"他有时在梦中还在不停地嘟哝着。怎么样才能把这种"死亡元素"制出来呢？莫瓦桑一直在思考这个问题。

1885年，莫瓦桑开始制备单质氟。他首先尝试用氟化磷与氧气反应制备氟单质，但是实验得到的是氟氧化磷。莫瓦桑不但没有成功，还白白烧坏了两个昂贵的白金管。他连续做了数次实验都失败了，"完了，又完了，又是毫无成效！"莫瓦桑叹息着。

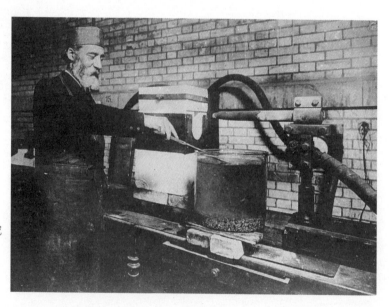

● 莫瓦桑在实验室研究化学反应。

莫瓦桑的化学知识和化学史知识很丰富，他经多方面的研究想到：氟必然是一种最活泼的非金属元素，那就不能在高温下制备它，也不能用一般的化学方法，如置换反应等。"看来，只有用电解法试试了。"他最终下定了决心。

他想，如果用某种液态的氟化物，例如氟化砷（$As F_3$）来进行电解，那会怎么样呢？这个办法显然大有希望。

随后，莫瓦桑开始寻找低温条件下处于液态的氟的化合物，以进行低温电解实验制备氟气。他首先尝试了氟化砷，氟化砷在室温下是一种液体，为了提高导电率，莫瓦桑向氟化砷中加入了氟化钾，但是反应过程中沉积在负极上的单质砷阻碍了电流的传导。莫瓦桑本人则因为长期接触氟化砷而中毒，不得不暂时中止了实验。

经过一段时间的休养之后，莫瓦桑的健康状况有所好转，他随即重新开始制备氟的实验。这一次他选择液化的氟化氢作为电解液，在萤石质地的反应容器中用铂铱合金的电极进行电解，并且终于获得成功。

长期和有毒物质接触，严重损害了莫瓦桑的健康。他在获得诺贝尔化学奖的第二年，即1907年，就去世了，年仅55岁。他逝世后，世界化学界对此表示了沉痛的哀悼。不久，他的妻子路更也因哀伤过度去世了。他们的独生子路易，把他父母的遗产20万法郎，全部捐献给巴黎大学作为奖学金：一种叫莫瓦桑化学奖，用以纪念他的父亲；另一种叫路更药学奖，用以纪念他的母亲。

相关链接

有些书中还认定莫瓦桑为第一个合成人造金刚石的人。这是错误的。经查明，莫瓦桑那次所谓"成功的人造金刚石试验"，是由于他的助手对反复无休止的试验感到厌烦，但又无法劝阻他不再做了，迫于无奈便悄悄地把实验室中的一颗天然金刚石混到实验生成物中去了。直到1955年，美国科学家霍尔等在1650℃和95 000个大气压下，合成了金刚石。这才是人类历史上第一次真正成功合成人造金刚石，然而，这已是莫瓦桑宣称"成功"半个世纪以后的事了。

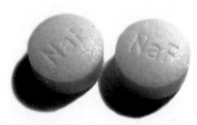

● 氟化钠制成的药片，可以防治蛀牙。

惰性气体之父——拉姆赛

关键词：拉姆赛／化学／氩／惰性气体

● 英国化学家拉姆赛，曾获得 1904 年诺贝尔化学奖。

300 多年前，人们已经知道，空气里除了少量的水蒸气、二氧化碳，其余的就是氧气和氮气。1785 年，英国科学家卡文迪许在实验中发现，把不含水蒸气、二氧化碳的空气除去氧气和氮气后，仍有很少量的残余气体存在。但这种现象在当时并没有引起化学家的重视。

直到 1894 年，英国化学家拉姆赛和物理学家瑞利首先发现了空气中第一种稀少的气体——氩，后来拉姆赛和其他科学家一起不断地探索，证实空气中还含有其他极少量的稀有气体（氖、氦、氪、氙），只是它们的含量极少，所以以前许多化学家都没有发现它们。

1852 年，拉姆赛出生在英国的格拉斯哥。他从小聪明好学，兴趣广泛，会拉小提琴，喜欢踢足球，善于朗诵，当然更喜欢看书。一次小拉姆赛踢足球时不小心把脚踝骨弄伤了，躺在医院里疼得哇哇直叫，他妈妈随手拿了一本怎样做焰火的书给他看。小拉姆赛看着看着，渐渐入了神，把疼痛全忘了。脚伤痊愈后，拉姆赛忘不了那本书中所展现的丰富多彩、变幻莫测的奇异世界，于是他暗暗下定决心：长大了一定要当一个化学家。

功夫不负有心人，拉姆赛以优异的成绩大学毕业后，又经过几年刻苦努力，终于在无机化学和物理化学方面取得了一定的成绩，并于 1872 年获得了博士学位。他先在安德逊学院做一名实验室助理，后来被格拉斯哥大学的约翰·费格森教授聘请为助手。

正当拉姆赛潜心制订新的研究计划时，英国的一位物理学家瑞利找上门来。"拉姆赛，我碰到一桩怪事，你能不能帮帮我的忙，解开疑团？"瑞利开门见山地说明了来意。

"只要我办得到，一定相助。"拉姆赛欣然应允。

原来，近一段时期，瑞利正在测定各种气体的密度，尤其是空气中氮气的密度。他取来一瓶空气，先除去氧气，再除去二氧化碳和水蒸气，留下的就该是氮气了吧，可是，测定的结果显示氮气与空气的相对密度是 1.2572。接着他又测定了从一氧化氮、氨、尿素中得到的纯氮气，测得的相对密度是 1.2505，两者竟然相差 0.0067。瑞利曾经想，会不会是空气中还含有微量的氧气，或者由氨制得的氮气可能混杂有氢气？然而他反复思忖，却觉得都不对，那又是什么道理呢？他百思不得其解，所以只得上门求教拉姆赛了。

英国物理学家瑞利，他和拉姆赛一起发现了惰性气体氩，并同获 1904 年诺贝尔物理学奖。

拉姆赛对这个问题兴趣甚浓。瑞利测出的数据是否正确，拉姆赛想先验证一下。

第二天拉姆赛取来了一些氨气，将它加热，氨气分解得到纯净的氮，然后测得了氮气的相对密度是 1.2505，跟瑞利得出的数据相同。接着他又重复了瑞利的实验，即从空气中得到了氮，测得的氮气相对密度跟瑞利测出的也一样，两者仍然相差 0.0067。这可以证实，瑞利测出的数据肯定没错。

拉姆赛想，既然纯氮气的密度比空气中所谓氮气的密度要小，那么很可能空气中还含有其他物质，而这些物质的密度要比氮气大。也就是说，空气中还有可能存在未知的元素。

日积月累

稀有气体元素指氦、氖、氩、氪、氙、氡以及不久前发现的 Uuo 7 种元素，又因为它们在元素周期表上位于最右侧的零族，因此亦称零族元素。稀有气体单质都是由单个原子构成的分子组成的，所以其固态时都是分子晶体。初中阶段学习的只有氦、氖、氩、氪、氙。

强烈的探索欲望打乱了拉姆赛的生活节奏，他做梦也在想着要把这个未知元素找出来。要在空气中找到新的气体，先得除去空气中的氧气、二氧化碳、水蒸气，还有氮气，前面 3 种气体除去比较好办，但是氮气怎么除去呢？拉姆赛一连想了几天也没想出一个好办法来。

一天，拉姆赛忽然记起曾经为学生做过镁性质的演示实验，就是让金属镁在空气中燃烧，结果镁不仅与氧化合生成氧化镁，还跟氮作用生成氮化镁。他想，利用镁的这一性质，不就可以除去空气中的氮气吗？

办法想好了，拉姆赛紧接着就开始动手做实验。他先取来了一大瓶空气、一瓶氢氧化钠溶液和一瓶浓硫酸，在一只管子里放好均热的镁粉，还添加了一点铜屑……接下来他先让空气通过炽热的铜屑，除去氧气；再通过氢氧化钠溶液，除去二氧化碳；又通过浓硫酸，把水蒸气除去；最后让空气通过装

由于化学活性很低，稀有气体被广泛应用于照明领域，此外，在放电灯中填充不同的稀有气体，可以产生不同颜色的光，城市的流光溢彩便由此产生了。

有镁的管子，除去氮气，结果瓶内果真还留有一点气体。这气体不就是要找的未知元素吗？拉姆赛高兴极了，马上就把这消息告诉了瑞利。

为了确证这是否是新元素，两人立即把这种气体放到光谱仪上去测量，结果发现这种谱线他们从来没有看见过，所以他们确信这是一种新元素。拉姆赛又测定了这种气体的相对密度，发现它大约是氮的1.5倍，解开疑团已指日可待了。

为了彻底揭开这种气体的真面目，拉姆赛和瑞利对该气体反复进行研究，得知这种气体性情十分"孤僻"，不愿跟别的物质发生反应，于是，他们就给这种怪元素取名叫氩，含有懒惰的意思。

空气中居然发现了惰性气体，这消息轰动了整个世界，但拉姆赛并没有陶醉在胜利的喜悦中，他要继续探索，看看空气中还有没有其他未知的元素。

拉姆赛在另一个化学家特拉威斯的协助下又开始了新的研究。他们用空气液化的办法，利用沸点不同，将空气中的氧气、氮气、二氧化碳及氩气等一一除去，然后观察剩余气体的光谱线。终于在1898年，拉姆赛和特拉威斯又陆续发现了氖、氪、氙等新元素。它们的性质和氩一样，都非常"懒惰"，所以统称它们为惰性气体。

惰性气体的发现为门捷列夫的元素周期表增添了新的一族，从而使元素周期表更趋完善。过去人们曾认为它们与其他元素之间不会发生化学反应，所以称之为惰性气体。然而，正是这种绝对的概念束缚了人们的思想，阻碍了对稀有气体化合物的研究。1962年，在加拿大工作的26岁的英国青年化学家尼尔·巴特利特合成了第一个稀有气体化合物——六氟合铂酸氙（$XePtF_6$），引起了化学界的很大兴趣和重视。许多化学家竞相开展这方面的工作，先后合成了多种稀有气体化合物，促进了稀有气体化学的发展。而"惰性气体"一名也不再符合事实，故改称稀有气体。

随着科学的发展，人们对稀有气体的研究越来越深入，对它们也越来越了解了。人们正在利用它们独特的性质，来完成其他气体不能胜任的事情。

从纨绔子弟到杰出化学家——维克多·格林尼亚

关键词：格林尼亚／格氏试剂

提起维克多·格林尼亚教授，人们自然就会联想到以他的名字命名的格氏试剂。但是，你可知道这位伟大的化学家曾走过的一段曲折道路吗？

1871 年 5 月 6 日，维克多·格林尼亚出生在法国瑟堡市一个有名望的资本家家庭中。他的父亲经营一家船舶制造厂，有着万贯家财。在格林尼亚少年时代，由于家境优裕，加上父母的溺爱，使得他在瑟堡市整天游荡，盛气凌人。他没有理想，没有志气，根本不把学业放在心上，倒是整天梦想着当上一位王公大人。由于他长相英俊，生活奢侈，瑟堡市好多年轻美貌的姑娘都愿意和他谈情说爱。但也就在这时，他受到了沉重的一击。

维克多·格林尼亚 21 岁那年，一个秋天的晚上，瑟堡市的上流社会又在举行盛大的舞会。在舞会上，他发现坐在对面的一个姑娘美丽而端庄，气质非凡，在瑟堡市是很少见到的。格林尼亚很潇洒地走到这个姑娘的面前，微施一礼，习惯地将手一挥，说道："请您跳舞。"

然而，这个姑娘端坐不动，眼睛里流露出不屑一顾的神态。格林尼亚的劣迹这个姑娘早有耳闻，她才不愿与这种不学无术的纨绔子弟共舞。格林尼亚长这么大，还没有在大庭广众之下碰过这种钉子。他气、恼、羞、怒、恨五味俱全，一时竟站在那里不知如何是好。

这时，一位好友走上来悄悄对格林尼亚耳语道："这位姑娘是巴黎来的著名的波多丽女伯爵。"格林尼亚不禁倒吸一口凉气，冷汗渗出。他定了定神，又重新走上前向波多丽伯爵表示歉意，他想总得给自己找个台阶下吧。谁知这位女伯爵并不买格林尼亚的账，只是冷冷地

维克多·格林尼亚，法国有机化学家。1871年生于法国瑟堡市。格氏试剂的发现者。1912 年获得诺贝尔化学奖。

相关链接

忠言逆耳利于行。一个人犯错误并不可怕，可怕的是没有自尊，不知羞耻。波多丽女伯爵一句严厉的斥责，骂倒了一个纨绔子弟，却骂出了一个诺贝尔奖获得者。

一笑，脸上显出鄙夷的神态，她用手指着格林尼亚说："离我远一点，我最讨厌被像你这样不学无术的花花公子挡住视线！"

这话如同针扎一般刺着了格林尼亚的心。被人宠坏了的格林尼亚此时已无地自容了，在瑟堡市称雄称霸多年的格林尼亚被波多丽女伯爵三言两语讥讽得面红耳赤。

应该庆幸的是格林尼亚的自尊心从未丧失。接下来的几天，格林尼亚闭门不出，检讨自己的行为。堂堂七尺男儿，怎么可以要本事没本事，要品德没品德呢？于是他醒悟了，发誓要追回过去浪费掉的时间。痛定思痛之后，格林尼亚给家里留下一封信，离家出走了。

格林尼亚来到里昂，拜路易·波韦尔为师，经过两年刻苦学习，终于补上了过去所耽误的全部课程，进入里昂大学插班就读。

在大学学习期间，格林尼亚刻苦学习的态度赢得了有机化学权威菲利普·巴尔的器重。在巴尔的指导下，他把老师所有著名的化学实验重新做了一遍，并准确地纠正了巴尔的一些错误和疏忽之处。1901年，格林尼亚由于发现了格氏试剂而被授予博士学位。仅从1901年至1905年，格林尼亚就发表了200多篇论文。鉴于他的重大贡献，瑞典皇家科学院授予他1912年度的诺贝尔化学奖。

当格林尼亚得知自己获得诺贝尔化学奖时，心情难以平静，他知道自己取得的成绩是与老师巴尔分不开的。是老师把已经开创的课题交给自己去继续研究，在老师的指导之下，自己才发现了格氏试剂——一种金属镁与卤代烷在乙醚溶液中反应生成的镁的有机化合物。为此，格林尼亚上书瑞典皇家科学院诺贝尔基金委员会，诚恳地请求把诺贝尔化学奖发给巴尔老师。此时的格林尼亚不仅是一位勤奋好学、成果累累的学者，也是一位道德高尚的人。

当格林尼亚获奖的消息传开之后，他收到了一封贺信。信中只有寥寥一语："我永远敬爱你！"这是波多丽女伯爵写给他的贺信。

**日积
月累**

格氏试剂，又称格林尼亚试剂，是指烃基卤化镁（R-MgX）一类有机金属化合物，是一种很好的亲核试剂，在有机合成和有机金属化学中有重要用途。其发现者法国化学家维克多·格林尼亚因此而获得1912年诺贝尔化学奖。

格氏试剂和羰基化合物（摄影：Calvero）。

两次获诺贝尔奖的化学家——鲍林

关键词：鲍林／诺贝尔奖／两次／和平

鲍林出生在美国俄勒冈州波特兰市，父亲是一位普通的药剂师，母亲体弱多病，家中经济收入微薄，居住条件也很差。

聪明好学的鲍林在大约 10 岁时认识了父亲的朋友——心理学教授捷夫列斯。

捷夫列斯教授在实验室里给小鲍林做了许多有意思的化学实验，使鲍林萌生了对化学的兴趣。鲍林读中学时，各科成绩都很优秀，尤其是化学成绩一直名列前茅。在爱好的驱使下，他和同学一起开了一所化学实验室，在名片上标明他是一位化学家。

也许因为他们太年轻了，实验室的生意并没有他们想象的那样兴隆，不久就关闭了。

鲍林考入大学后，靠勤工俭学维持学习和生活，他当过化学老师的化验员，在四年级时还当过一年级新生的化学辅导员。在艰难的条件下，鲍林刻苦攻读。1922 年，鲍林以优异的成绩大学毕业，并在当年考上了加州理工学院的研究生，导师是著名化学家诺伊斯。

诺伊斯擅长物理化学和分析化学，对学生循循善诱，和蔼可亲。诺伊斯告诉鲍林，要注意独立思考，同时要研究与化学有关的物理知识。诺伊斯十分赏识鲍林，并把鲍林介绍给许多知名化学家，使他很快地进入了学术氛围中。

鲍林系统地研究了化学物质的组成、结构、性质三者的联系，同时探讨了决定论和随机性的关系，最后以出色的成绩获得化学哲学博士学位。

美国著名的量子化学家鲍林（1901～1994）。他在化学的多个领域作出了重大贡献，1954 年获得诺贝尔化学奖，1962 年获得诺贝尔和平奖。

鲍林把化学研究推向了生物学，他花费了很多精力研究生物大分子，特别是蛋白质分子空间构像，成为了分子生物学的奠基人。

鲍林坚决反对把科技成果用于战争，坚决反对核战争，并号召科学家们参加和平运动。为此，鲍林曾遭到美国政府的打击和迫害，甚至他的人身自由也受到了限制。1954年，鲍林荣获诺贝尔化学奖以后，美国政府才被迫取消了对他的出国禁令。1955年，鲍林和世界知名的大科学家爱因斯坦、罗素、约里奥·居里、玻恩等共同签署了"共同反对发展毁灭性武器，反对战争，保卫和平"的宣言。1957年，他又起草了《科学家反对核实验宣言》。在短短几个月内，就有49个国家的11000余名科学家签名。由于鲍林对和平事业的贡献，他在1962年荣获了诺贝尔和平奖。

鲍林的大学毕业照。

和平是全世界人民的共同心愿。

现代有机合成之父——伍德沃德

关键词：有机／合成／伍德沃德／高尚

伍德沃德出生于美国马萨诸塞州的波士顿。有一天，父亲带着他到药剂师约翰家里去玩。约翰的儿子迈克十分顽皮好动，经常偷偷地在父亲的实验室里折腾。迈克拉着新朋友，悄悄溜进了父亲的实验室。

在实验室里，看着迈克熟门熟路地动手操作起来，伍德沃德感到十分新鲜。迈克拿出一个玻璃瓶放在桌上，又取出一个烧杯灌上清水，打开玻璃瓶的盖儿，对站在一旁的伍德沃德说："你看，这瓶子里装的是硫酸，只要我把硫酸往清水中一倒，水马上就会像开水一样沸腾起来，你信不信？"

迈克一边说一边把硫酸倒进清水里。谁知动作太猛，一些硫酸正好溅在迈克的手上，迈克立刻痛得叫唤起来。伍德沃德吓得不知怎么办才好，忙将迈克的手按进旁边的一桶清水里。听到惊叫声，迈克的父亲约翰马上意识到准是迈克又出事了。他立即冲进了实验室，可用力过猛，又撞倒了另一瓶硫酸，一股白色刺眼的烟雾过后，地板上立即出现一个大黑洞。约翰顾不得这些，直冲到迈克的面前。他一下子傻眼了，一瓶硫酸空空见底，烧杯中的水仍在上下翻滚。伍德沃德握着迈克的手按在那桶清水中。

约翰从清水中抽出迈克的手，只见他的手背上留下了筷子头大小的黑点。约翰松了口气："太危险了！迈克，你真够胡闹的！"

伍德沃德的父亲跟着赶到实验室，正想教训伍德沃德，不料约翰对小伍德沃德说："多亏你保住了迈克的手。"原来伍德沃德刚才把迈克的手往清水中一按，及时稀释了硫酸，要不然，迈克的手一定会被烧个大洞。

美国有机化学家罗伯特·伯恩斯·伍德沃德（1917～1979），因首次提出二茂铁的夹心式结构，对有机化学的合成作出了重大贡献，1965年获得了诺贝尔化学奖。

　　这奇特而惊人的一幕一直萦绕在伍德沃德脑海中，他暗下决心，将来一定要成为一名化学家！

　　伍德沃德小学、中学时就已经开始自学化学。在他上中学前，就已经把一本普遍使用的保罗·嘎特曼编写的《有机化学实验》教材中大部分的实验都做了一遍。1933年他被麻省理工大学录取，次年却因忽视其他课程的学习导致成绩不好而被校方开除。然而，麻省理工于1935年再次录取了伍德沃德，学校为了培养他，为他一人单独安排了许多课程。他聪颖过人，只用了3年时间就学完了大学的全部课程，并以出色的成绩获得了学士学位。伍德沃德获学士学位后，直接攻读博士学位，只用了一年的时间就学完了博士生的所有课程，通过论文答辩获得博士学位。从学士到博士，普通人往往需要6年左右的时间，而伍德沃德只用了一年，这在同龄人中算是最快的了。

　　马钱子碱的分子结构。

　　获得博士学位以后，伍德沃德在哈佛大学执教，1950年被聘为教授。此后的几十年，他一直在从事化学教学、研究工作。

　　伍德沃德在化学上的出色成就，使他名扬全球。1963年，瑞士人民集资办了一所化学研究所，此研究所就以伍德沃德的名字命名，并聘请他担任了第一任所长。

　　伍德沃德是20世纪在有机合成化学实验和理论上取得划时代成果的罕见的有机化学家。他以极其精巧的技术，合成了胆甾醇、皮质酮、马钱子碱、利血平、叶绿素等多种复杂的有机化合物。据不完全统计，他合成的各种极难合成的复杂有机化合物达24种以上，所以他被称为"现代有机合成之父"。

　　1952年，伍德沃德最先提出二茂铁的夹心式结构。1965年，伍德沃德因在有机合成方面的杰出贡献而荣获诺贝尔化学奖。获奖后，他并没有因为功成名就而停止工作，而是向着更艰巨复杂的化学合成方向前进。他组织了14个国家的110位化学家,协同攻关,探索维生素B_{12}的人工合成问题。历时11年，终于在他逝世前几年完成了复杂的维生素B_{12}的合成工作。

　　从学生时代起，伍德沃德便常常以惊人的毅力夜以继日地工作。例如合成马钱子碱、奎宁碱等复杂物质需要长时间的守护、观察和记录，那时，伍德沃德每天只睡 4 个小时，其他时间均在实验室工作。

伍德沃德谦虚和善，不计名利，善于与人合作，一旦出了成果，发表论文时，总喜欢把合作者的名字署在自己名字的前边，他自己有时干脆不署名。对他的这一高尚品质，学术界和与他共事过的人都赞不绝口。

伍德沃德对化学教育尽心竭力，他一生共培养研究生、进修生 500 多人，他的学生已遍布世界各地。他教学极为严谨，且有很强的吸引力，特别重视化学演示实验，着重训练学生的实验技巧。他培养的学生，许多人成了化学界的知名人士，其中包括获得 1981 年诺贝尔化学奖的波兰裔美国化学家霍夫曼。伍德沃德在总结他的工作时说："我之所以能取得一些成绩，是因为有幸和世界上众多能干又热心的化学家合作。"

1979 年 7 月 8 日，伍德沃德积劳成疾，不幸与世长辞，享年 62 岁。

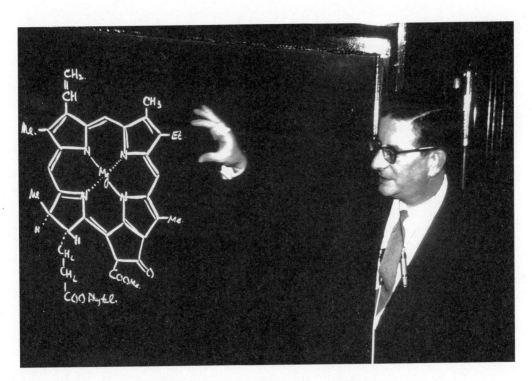

⬤ 伍德沃德 1965 年讲课时的情景。他一生对化学教育尽心竭力，桃李遍天下。

"臭烘烘"的化学家——埃米尔·费雪

关键词：臭烘烘／粪臭素／歌剧／博士

　　埃米尔·费雪（1852～1919）出生于一个实业之家，并且是家中唯一的男孩。童年时代，他并没有表现出什么特殊的才能。父亲对他的期望是学会经营之道，以便继承自己的事业。

　　1869 年，17 岁的费雪以全班第一名的成绩毕业于波恩大学预科班，随后因病休学两年。休学期间，在父亲的一再劝告下，费雪最终到他姐夫那里学起了做生意。虽说是学做生意，但费雪的心思全不在这里，结果把账目记得一塌糊涂，又偷偷地在库房里搞起了化学实验，一会儿发生爆炸，一会儿又发出呛人的气味，搞得姐夫弗里德里希到老岳父面前"告状"。老费雪最终只好尊重儿子的选择，让他继续上学。

● 德国化学家埃米尔·费雪。

● 埃米尔·费雪的恩师——
　化学家阿道夫·冯·贝
　耶尔教授。

　　1871 年，19 岁的费雪进入了波恩大学。但实验室简陋的设备和不良学风让费雪非常失望。一年之后，也就是 1872 年秋天，他转入斯特拉斯堡大学化学系学习，那里有当时著名的化学家阿道夫·冯·贝耶尔教授。贝耶尔教授对染料、炸药和药物的研究有很大的贡献。费雪非常敬佩贝耶尔教授，贝耶尔教授也很快就发现了这个勤奋好学的青年人的才能，并精心地加以培养。

在贝耶尔教授的指导下，费雪开始撰写博士论文。1874 年他完成了《有色物质的荧光和苦黑素》论文，获得了博士学位。这时的费雪才 22 岁，成为了该校有史以来最年轻的博士。斯特拉斯堡大学一向以严谨求实著称，在这样的学校获得博士学位是要经过严格考核的。在隆重的毕业典礼上，校长也抑制不住内心的激动，他颇为骄傲地大声宣布："本校自 1567 年创立以来，到现在已超过 300 年了，但是本届出了一位最年轻的博士，他就是埃米尔·费雪。"从此以后，"最年轻的博士"就成为费雪的另一个名字。

费雪获得博士学位之后，已经小有名气，一些大学争相聘他去当教授。但是费雪却另有打算，他认为贝耶尔教授是一位非常好的老师，在他身边可以学到很多东西。当贝耶尔教授接到慕尼黑大学聘请他去那里讲学的通知，费雪便谢绝一切聘请，毅然跟随老师去了慕尼黑大学，当了一名助教。费雪的亲朋好友知道他的计划之后，都认为"放着教授不当，去当助教，有点不合情理"。那时，慕尼黑正流行伤寒病，亲人们就更反对他去那里了。但费雪认为，能师从贝耶尔教授是很难得的，因此他不为亲友的劝阻所打动，决心跟随老师前往慕尼黑。

专心于研究工作的埃米尔·费雪。

在慕尼黑大学的头 3 年里，费雪没有教学任务，所以他有很多时间专心于研究工作，在贝耶尔教授的指导下进行有关苯肼项目的研究。费雪首先研究的项目是合成粪臭素。实验多次失败已经够倒霉的了，再加上粪臭素的臭味就更加烦人。但是费雪一心扑在实验上，对这一切全不介意，甚至忘记了身上还有什么气味。当费雪成功地合成粪臭素，高兴地跳起来时，才发现实验室里只剩下他一个人了。因为实验室里臭气冲天，熏得谁也呆不下去，大家都逃到外面"避难"去了。

费雪还是一个歌剧爱好者，工作之余，只要音乐厅、歌剧院有演出，他是必到的观众。一天，正好城里有歌剧演出，实验结束后费雪把实验室收拾好，就动身前往歌剧院。一进歌剧院他就发现一些人离他远远的，但他没有在意，仍然忙碌地找自己的座位。可刚一落座，周围的观众就表现出异样：开始时是相互交头接耳，继而好像有人发出了什么命令似的，大家都不约而同地掏出手帕捂住鼻子，像躲避瘟疫一样扭转身子，还有人想逃离座位。终于有人受不了，大声叫道："哪里来的臭气，谁把这个刚从马棚出来的马夫放进剧场来了！"这时费雪才如梦初醒，他忙站起身来，离开了剧场。

回到家里，费雪认真洗过澡，又从里到外换了衣服，但是臭味依然存在，就好像是从皮肤里散发出来的一样。费雪有点懊丧，看来歌剧是看不成了。但是为了科学研究，他想这点牺牲算不了什么。

1882 年，贝耶尔认真思考了费雪跟随自己多年的研究情况，认为费雪在学术上已经有比较深的造诣了，应该让他到外面去闯一闯，独立创业。于是，在贝耶尔的推荐下，费雪被聘为下厄南津大学化学系有机化学教授，开始从事嘌呤族的研究。1885 年费雪转任维尔茨堡大学教授，在这里他进行糖类的研究，并继续对嘌呤族做研究。1892 年他来到柏林大学工作，在阐明糖类的结构方面作出了重大贡献，并合成了葡萄糖、果糖、甘露糖等。解决糖的结构是当时有机化学中最困难的问题之一，费雪成功地解决了这个难题。这时他在有机化学方面的研究成果已经超过了他的老师贝耶尔，并且得到了国际上的承认。由于费雪成功地解决了糖的结构以及在嘌呤衍生物、肽等方面的研究成果，1902 年，在他 50 岁时荣获了诺贝尔化学奖。

获得诺贝尔化学奖以后，费雪仍然不懈努力，于 1914 年第一个合成核苷酸，因此被提名为诺贝尔生理学或医学奖候选人，但评奖委员会认为"再授予他奖金很难说是恰当的"，因而没有被选上。

1919 年 7 月 15 日，埃米尔·费雪因患癌症在柏林去世，享年 67 岁。

柏林街头的埃米尔·费雪雕像
（摄影：Anatoly Terentiev）。

化学家道尔顿与色盲症

关键词：道尔顿/圣诞节/袜子/色盲

　　化学是在近代兴起的一门学科，无数的科学先驱者为这门学科奠定了理论基础，英国物理学家、化学家约翰·道尔顿就是其中的一位。道尔顿既具有敏锐的理论思维头脑，又具有卓越的实验才能，尤其是在对原子的研究方面取得了非凡的成果，成为近代化学的奠基人。为了纪念他，科学界至今还把他的名字用作原子量的单位。有趣的是，医学上也有一种病叫"道尔顿病"。这里的道尔顿不是别人，正是这位化学家和物理学家。

　　那么，道尔顿病是一种什么病呢？为什么用道尔顿的名字命名？这里还有一段故事呢！

　　那一天是圣诞节。青年道尔顿到街上去买了一双长筒袜，作为节日礼物，亲手送给母亲。母亲收到这份礼物后非常高兴。当她打开礼品盒一看，"啊，原来是一双红色的长筒袜。"她感到颜色实在太鲜艳了，与自己的年龄和身份不太相称。她笑着问道："约翰，你的礼物真让人高兴，但是你怎么看上了这么鲜艳的颜色呢？"这使道尔顿感到有些奇怪，他不以为然地说："难道棕灰色还不稳重吗，妈妈？"

　　"什么？约翰，它和樱桃一样红呀！"

　　"不对，妈妈，是我亲手挑的，是棕灰色。"

　　"是红色，约翰，你的眼睛没毛病啊。"母亲回答。随后，道尔顿找来了弟弟，弟弟也说是棕灰色的。而且，他俩对颜色的感受完全一样。

约翰·道尔顿（1766～1844），英国化学家、物理学家，近代原子论的提出者。

这些颜色你能分辨得清吗？

可是，他的朋友们和他俩的识别力却不同。朋友们开玩笑说："照你所说，你将永远也看不到女性美丽动人的面容，你会把她们面颊上那羞涩的红晕看成一片灰色。"从那天起，道尔顿才知道自己的色觉与别人不同。

道尔顿没有放过这一偶然的发现。他不但仔细分析了自己的体验，还对周围的人做了各种调查研究。在此基础上，他又经过多方考查验证，写出了一部科学著作——《论色觉》。这是人类第一次发现色盲症，而道尔顿既是色盲症的第一个发现者，也是第一个被发现的色盲病人。

道尔顿出生在英国坎伯兰的一个贫困的乡村，他的父亲是一位纺织工人。当时正值第一次工业革命的初期，很多破产的农民沦为雇佣工人。道尔顿一家的生活十分困顿，道尔顿的一个弟弟和一个妹妹都因为饥饿和疾病而夭折。道尔顿童年时根本没有读书的条件，只是勉强接受了一点点初等教育，10岁时，他就去给一个富有的教士当仆役。也许这也算是命运赐予他的一次机会吧，在教士家里他读了一些书，增长了很多知识。两年后，他被推举为本村小学的教师。

1781年，年仅15岁的道尔顿随哥哥到外地谋生。不久后，他就成为了肯达耳中学的教师。在教学之余，他一边系统地自学科学知识，一边进行气象观察。在这里他还结识了著名学者豪夫，并从豪夫那里学习了很多知识，教学水平迅速提高。4年后，道尔顿便成为了肯达耳中学的校长。1793年，在豪夫的推荐下，道尔顿又受聘于曼彻斯特的一所新学院。在这里他出版了自己的第一本科学著作——《气象观察与研究》。第二年，他在罗伯特·欧文的推荐下成为曼彻斯特文学哲学会的会员。

化学界最杰出的"伯乐"——吉尔伯特·路易斯

关键词：化学／伯乐／教育／学生

1946 年 3 月 23 日，美国加州伯克利市寒意仍浓，一位 71 岁的老人，静静地、永远地闭上了眼睛，结束了他不平凡的一生。他就是加利福尼亚大学伯克利分校化学系主任、著名化学家兼化学教育家吉尔伯特·牛顿·路易斯（1875 ~ 1946）教授。

路易斯教授下葬的那一天，唁电从世界各地像雪片似的飞到伯克利市。路易斯的亲友、同事和学生们蜂拥而来，加入到为路易斯教授送葬的行列。在这个庞大的队伍中，竟有 5 位诺贝尔化学奖得主：尤里——重氢、重水的发现者，1934 年诺贝尔化学奖得主；乔克——超低温化学的应用技术发明者，1949 年诺贝尔化学奖得主；西博格——锝、镧、镅和锔等元素的发现者，1951 年诺贝尔化学奖得主；科比——用碳 14 测定历史年代技术的发明者，1960 年诺贝尔化学奖得主；开尔文——光合作用机理的研究和发现者，1961 年诺贝尔化学奖得主。

美国物理化学家吉尔伯特·牛顿·路易斯教授。

这也许是科学史上最荣耀的送葬队伍之一了。而这一切都缘于路易斯教授诲人不倦的教学精神，他堪称当今化学界最杰出的"伯乐"。

1912 年，路易斯到加利福尼亚大学伯克利分校任化学系主任时，收了一个年纪较大的研究生——尤里。尤里出身贫寒，中学毕业后，因无力上学，曾当了 3 年小学教师，后来才考上蒙大拿大学。毕业后他改攻化学专业，考上了加利福尼亚大学伯克利分校化学系路易斯的研究生。但是路易斯并不因为尤里年龄大、化学基础较差等不足而看轻他。路易斯慧眼独具，发现了尤里在化学方面的优秀潜质。于是，他对待尤里格外关照，甚至邀请他参与当时自己正在研究的有关氢元素和水的课题。果然，在老师的引导和启示下，尤里在这

方面作出了杰出贡献。1931年尤里从重水中分离出重氢，并因此荣获1934年的诺贝尔化学奖。

路易斯在加利福尼亚大学伯克利分校任教，一干就是33年。他担任该校理学院院长兼化学系主任，一直干到70岁才退休。在担任化学系主任期间，他教学和研究工作都做得十分出色，那里一时群英荟萃，人才济济。

路易斯十分重视基础教育，他要求化学系的所有教师都要参加普通化学课程的教学和建设，要求低年级学生必须打好基础，为此他选派一流的教师给低年级学生上课。路易斯认为这就好像建造万丈高楼必须打好坚实的地基一样，学生只有在低年级时就打下扎实的底子，包括实验基本功，才能够学好高年级和研究生课程。

路易斯重视化学教育工作还表现在十分支持美国《化学教育杂志》。他不仅自己带头在美国《化学教育杂志》上发表有分量的化学教育论文，而且还派出好几名知名教授去领导并编辑美国《化学教育杂志》。在路易斯的大力支持下，美国《化学教育杂志》蒸蒸日上，蜚声国内外，成为一本世界化学教育中最有权威的杂志。

路易斯对待研究生更是无微不至。他自始至终都以积极启发、独立思考、因材施教等方法来教育学生。由于路易斯指导有方、教学得法，伯克利分校化学系培养出大量优秀人才。虽然路易斯自己没有得过诺贝尔奖，但在他领导和指导的研究生中有5人获得过诺贝尔奖。在整个科学世界里，这是何等的殊荣！

两次荣膺诺贝尔奖的居里夫人说："不管一个人取得多么值得骄傲的成绩，都应该饮水思源，应该记住是自己的老师为他们的成长播下最初的种子。"